DIE GREIFVÖGEL

Zygmunt Pielowski

DIE GREIFVÖGEL

Systematik · Artenbeschreibung
Biologie · Ökologie
Schutz · Falknerei

NEUMANN - NEUDAMM

Bildautoren:

Für die farbigen Illustrationen stellte uns Grzegorz Dzik seine Aquarelle zur Verfügung. Die einfarbigen Zeichnungen entstammen der Feder von Henryk Mąka.

Die in den Bildlegenden in Klammern gebrauchten Abkürzungen stehen für die Namen folgender Bildautoren, die uns freundlicherweise Ihr Foto- und Diamaterial zur Verfügung gestellt haben:

(Ar.) Hansgeorg Arndt, Lübeck
(Au.) Ulrich Augst, Sebnitz
(Ki.) Krzysztof Kismanovicz, Międzyrzecz/Polen
(Kl.) Grzegorz, Tomasz, Stanisław Kłosowscy, Warschau/Polen
(Kr.) Jan Krasnodębski, Sejny/Polen
(Ku.) Dieter Kuhn, Sulzbach
(Ła.) Włodzimierz Łapinski, Monkinie/Polen
(Li.) Alfred Limbrunner, Dachau
(Mey.) Dr. Bernd-U. Meyburg, Berlin
(Mo.) Jurij Morgunow, GUS
(Nie.) Horst Niesters, Hellenthal
(Pin.) Marek Pinkowski, Czempin/Polen
(Sa.) Prof. Dr. Christian Saar, Hamburg
(Sö.) Paul Sömmer, Lychen
(Wa.) Dr. Klaus Warncke, Dachau
(Zei.) Peter Zeininger, München

Die Deutsche Bibliothek – CIP-Einheitsaufnahme

Die **Greifvögel:** Systematik, Artenbeschreibung, Biologie, Ökologie, Schutz, Falknerei/Zygmunt Pielowski. – Morschen-Heina:

Neumann-Neudamm, 1993

ISBN 3-7888-0637-0

NE: Pielowski, Zygmunt

Sonderausgabe: ISBN 3-7888-0681-8

Postfach 25 · 3509 Morschen/Heina
Printed in Germany

Umschlaggestaltung und Layout-Konzeption: Philipp Schneider
Reprotechnik: monoLith, 4430 Steinfurth und ReproTeam, 3501 Niestetal
Druck: Silber Druck, 3501 Niestetal-Heiligenrode
Buchbinderische Verarbeitung: Willy Keller, 6402 Kleinlüder

Schrift: 12/14 Times New Roman
Papier: 100 g h'frei weiß, Gardapat 13
Umschlag: Pappband, Lonza-Strukturfolien-Kaschierung
Verarbeitung: Fadenheftung, begazt. Deckenband

Inhaltsverzeichnis

Vorwort

Das vorliegende Buch ist ein ausführliches, in allgemein verständlicher Form gehaltenes, wissenschaftlich fundiertes Werk über die Greifvögel. Darüberhinaus ist es aber auch so etwas wie das „Credo" eines Biologen und Wildforschers, eines Jägers und Falkners sowie eines engagierten Vogelschützers. Mit diesem Buch habe ich meinen Wunsch realisiert, eine Lanze für die Greife zu brechen. Verdient haben sie dies ganz gewiß und sicher haben sie es auch nötig. Allerdings habe ich nicht das „Für und Wider" des Greifvogelschutzes außen vorgelassen. Vielmehr habe ich mich bemüht, dieses Thema sachlich anzufassen, es ohne Emotionen zu diskutieren und dabei die Argumente beider Seiten zu berücksichtigen. Zumindestens insoweit unterscheidet sich dieses Werk von etlichen anderen, zum Teil wirklich guten Büchern über die Greifvögel, die in den letzten Jahren auf dem europäischen Büchermarkt erschienen sind.

Mein Buch beinhaltet keineswegs alles, was über die Greife zu sagen wäre, sondern nur ausgewählte Themen. Nach meiner Ansicht sind dies aber die wichtigsten und interessantesten Fragen über das Leben der Greifvögel, deren Biologie und Ökologie, deren Bedeutung in der Lebensgemeinschaft Natur und über den Greifvogelschutz.

Die kurzen monographischen Beschreibungen der in Europa vorkommenden Greife sind nicht in der ansonsten üblichen Weise dargestellt. Sie sollen lediglich dazu verhelfen, dem Leser die einzelnen, teilweise doch recht unterschiedlichen Arten näherzubringen. Sie sind kein ausführlicher Erkennungsschlüssel.

Illustriert ist das Buch einmal mit Hilfe von farbigen Aquarellen des begabten polnischen Künstlers, Falkners und Greifvogelfreundes Grzegorz Dzik. Außerdem enthält das Buch zahlreiche Schwarzweiß-Zeichnungen, die Flugbilder, morphologische Kennzeichen sowie Verhaltensweisen der Greife anschaulich wiedergeben. Sie stammen von meinem – künstlerisch talentierten – Mitarbeiter Henryk Mąka. Er ist Tierpfleger in der Auffangstelle und Zuchtstation für Greifvögel, die zur wildkundlichen Forschungsstelle in Czempin (unweit von Posen) gehören. Neben diesen Bildern und Zeichnungen enthält das Buch zudem zahlreiche ausgezeichnete Farbfotos polnischer und deutscher Wildtierfotografen. Möge das Format dieses Buches dazu beitragen, daß Bilder, Zeichnungen und Fotos die ausgeprägte Schönheit unserer Greifvögel voll zur Geltung bringen und für den Leser ein Augenschmaus sind!

In der ersten Version ist das Typoskript in polnischer Sprache geschrieben worden. Es ist damals von den beiden bekannten polnischen Ornithologen, Professor Dr. Jan Pinowski und Dr. Marek Keller, kritisch durchgelesen worden. Ihre zahlreichen fachlichen Hinweise sind dem Text sehr dienlich gewesen.

Die schwierige wirtschaftliche Situation im Polen der achtziger Jahre zwang mich, einen Verleger im Ausland zu suchen. Gefunden habe ich ihn in Walter Schwartz, der den bei Naturfreunden, Jägern und Falknern gut bekannten Verlag J. Neumann-Neudamm leitet. Herr Schwartz war spontan bereit, die deutsche Version des Buches vorzubereiten, zu drucken und auf den Markt zu bringen. Erfreulicherweise setzt er sich auch tatkräftig dafür ein, daß das Buch – in Kooperation mit einem polnischen Verlag – in absehbarer Zeit ebenso in Polen erscheinen wird.

Den polnischen Originaltext habe ich selbst ins Deutsche übersetzt und bei dieser Gelegenheit noch so manches aktualisiert. Anschließend kümmerte sich der Lektor des Verlages, Herr Rolf Roosen, nochmals mit sehr viel Engagement darum. Ebenso engagiert gestaltete Herr Philipp Schneider, Hersteller des Verlages, das Layout des Buches.
All denen, die an der Gestaltung dieses Buches mitgewirkt haben, nicht zuletzt den Herren des Verlages J. Neumann-Neudamm, danke ich ganz herzlich. Möge dieses Buch den Greifvögeln helfen und dazu beitragen, daß die Emotionen versachlicht werden. Vor allem aber möge es allen Naturfreunden viel Freude bereiten.

Czempin, im Herbst 1991

Professor Dr. Zygmunt Pielowski

1.

Einführung

Jedes Tier, das am Boden oder im Wasser lebt, ist ein kleines Naturwunder. Noch beeindruk-kender aber sind die Tiere, die fliegen können. Und an der Spitze der Eroberer der Lüfte stehen zweifellos die Greifvögel. Welches andere Tier hält schon dem Vergleich mit einem in luftigen Höhen majestätisch schwebenden Adler oder einem die Luft in elegantem Blitzflug durchschneidenden Falken stand? Welches Tier vermag dem kleinen Sperber gleichzukommen, der mit tollkühner Rasanz und enormer Gewandtheit seine Beute durch dick und dünn verfolgt?
Das Außergewöhnliche am Greifvogel ist ein Zusammenspiel vieler Faktoren. Ausdauer und Gewandtheit beim Fliegen, Kraft und Mut im Angriff, Meisterschaft bei der Jagd – das alles sind Eigenschaften, aufgrund derer wir Menschen ihm seit jeher besondere Aufmerksamkeit geschenkt haben. Bildhauerei und Malerei, Poesie und Prosa aller Nationen zeugen davon, daß der Mensch die Greifvögel schon immer als Meisterwerke der Natur betrachtet hat. Diese Mentalität wird auch durch die Heraldik bezeugt. Denn schließlich sind Greife auf Fahnen, Standarten und Wappen Symbole der Großen dieser Welt und bis heute bilden sie noch das Staatsemblem vieler Länder.
Es mutet paradox an, daß die Greifvögel trotz dieser hohen Anerkennung vernichtet zu werden drohen. Der Zahlenbestand vieler Arten verringert sich in beängstigendem Tempo; etliche von ihnen sind beinahe ausgerottet. Schuld daran ist nur der Mensch. Er verfolgt sie erbittert, weil sie den Bestand verschiedener jagdbarer Wildarten schmälern. Er plündert ihre Horste, fängt oder schießt sie illegal ab, um sich private Sammlungen von Eiern oder lebenden bzw. toten, d. h. ausgestopften Stücken zuzulegen. Dies führt insbesondere zu einer Verringerung ohnehin schon seltener und damit besonders wertvoller Arten.
Schlimmer als diese direkten Gefahren sind jedoch die indirekten, die den Greifen seitens des Menschen drohen. Der Mensch gestaltet die Natur so um, wie es ihm nutzt. Die daraus resultierende biologische Verödung vieler Gebiete, die ständig steigende chemische Belastung der Umwelt (etwa aufgrund von Pflanzenschutzmitteln oder Industrieemissionen) sowie anderes mehr bewirken, daß sich die Lebensbedingungen aller Greifvögel systematisch verschlechtern. Die Siedlungsdichte der Greife wird teilweise so stark verdünnt, daß die Populationen nicht mehr gedeihlich funktionieren.
Der Mensch berücksichtigt nämlich nicht, daß sich die Rückstände der toxischen Mittel in den biologischen Nahrungsketten kummulieren und ihre höchsten, verderblichen Konzentrationen im Organismus dieser Vögel hinterlassen.
In der heutigen Zeit, in welcher der Schutz unserer Natur und deren Ressourcen selbstverständlich geworden ist, in der also für den Menschen endlich auch ökologische Belange bedeutsamer werden, sind in den einzelnen Ländern viele Gesetze und Verordnungen über den Naturschutz und auch speziell über den Greifvogelschutz erlassen worden. Aber wie die bittere Erfahrung lehrt, sind das Verfügen von Gesetzen und deren praktisches Respektieren sowie Ausführen häufig zwei verschiedene Angelegenheiten. Der Erfolg eines jeden Naturschutzprogramms hängt letztendlich nicht nur vom Gesetzgeber ab, sondern von der konsequenten Ausführung, also von jedem einzelnen Bürger. Nur dann, wenn

sich in der menschlichen Gesellschaft ein echtes Bewußtsein über die Notwendigkeit des Naturschutzes entwickelt, entstehen reale Chancen, unser Naturerbe vor der Vernichtung zu bewahren.
Das Verhältnis des Menschen zu den Greifvögeln kann ganz verschieden sein; von großer Bewunderung für ihre Schönheit und vollem Verständnis für ihre biologische Bedeutung sowie ihre Lebensbedürfnisse reicht es bis zu ihrer absolut negativen Beurteilung und dem Absprechen jeden Lebensrechtes. Zwischen diesen Extremen – dem uneingeschränkten Schutz und der völligen Vernichtung – gibt es viele Zwischenstadien. Zum Glück wird heute meistens der Standpunkt vertreten, daß die Greifvögel grundsätzlich zu schützen sind. Dabei ist jedoch eine eventuelle kontrollierte Bestandsreduktion gewisser Arten, dort wo diese notwendig sein sollte, nicht ganz auszuschließen. Denn eins darf hier nicht unerwähnt bleiben: Es gibt Konfliktsituationen zwischen den Greifvögeln und dem Menschen. Sie sind allerdings in der Vergangenheit leider, ohne das Für und Wider richtig abzuwägen, meist zugunsten des letzteren entschieden worden.
Die Fähigkeit dieser Vögel, andere Tiere zu erbeuten, ist der Grund dafür, warum sie viele Feinde unter den Menschen haben. Weil sie manchmal Schäden unter dem Hausgeflügel anrichten, weil sie den Bestand verschiedener wildlebender jagdbarer Tiere anrühren, deren Nutzung der Mensch ausschließlich sich selbst vorbehalten möchte, wurden die Greifvögel zu Schädlingen abgestempelt.
Eine andere, wenn auch nur kleine Gruppe von Menschen, nämlich die Falkner, sind sehr an diesen Vögeln interessiert. Dies aber gerade deshalb, weil die Greife dazu befähigt sind, andere Tiere zu erbeuten. Die Falkner haben früher ihre Beizvögel, also Falken, Adler und Habichte, einfach der Natur entnommen, aus deren reichen Reserven geschöpft. Heute sind das zumindestens in Europa nur noch amtlich genehmigte und ausschließlich auf den Habicht ausgerichtete Einzelfälle. Allerdings werden leider noch weiterhin vereinzelt und gesetzwidrig Nester seltener Greifvogelarten (zu Beizzwecken oder für Greifvogelshows) geplündert. Die Falknerei ist schon seit Jahrhunderten als eine „Kunst" anerkannt. Es wäre gut, wenn sie auch in der gegenwärtigen menschlichen Gesellschaft bestehen würde. Es darf jedoch nicht sein, daß die Falknerei in irgendeiner Form den wildlebenden Greifvogelbestand bedroht. Zudem sollten die Falkner mit ihrer Kenntnis und praktischen Erfahrung in der ersten Reihe jener stehen, die mit Rat und Tat die Greifvögel schützen. Für letzteres gibt es im übrigen gute Beispiele.
Eine nicht zu unterschätzende Gefahr für die Greifvögel sind diejenigen Menschen, die um jeden Preis in den Besitz von lebenden oder auch toten, d. h. ausgestopften Stücken beziehungsweise auch Eiern gelangen wollen, um sich private Sammlungen zuzulegen. Diesen Zwecken dienende, illegale und nicht kontrollierte Fänge, Abschüsse und Horstplünderungen sind eine der Ursachen für den starken Rückgang seltener und somit besonders wertvoller Arten. Diese Machenschaften betreiben u. a. internationale, gut organisierte Banden, deren Bekämpfung sehr schwer ist.
Als Endglieder von komplizierten Nahrungsketten sind die Greifvögel fast niemals sehr häufig vorkommende Tiere gewesen. Jeder von ihnen braucht ein großes Jagdrevier für sich, welches abhängig von der Vogelart einige hundert, einige tausend oder sogar zehntausende Hektar umfaßt. Die vom Menschen verursachte biologische Verödung dieser Gebiete, die ständig ansteigende chemische Belastung der Umwelt sowie die verstärkten anderweitigen Störungen bewirken, daß sich die Lebensbedingungen aller Greifvögel systematisch verschlechtern. Deren Siedlungsdichte ist teilweise so stark verdünnt, daß die Population nicht mehr gedeihlich funktioniert. Dies alles sind indirekte Ursachen, aufgrund welcher die Situation dieser Vögel noch prekärer wird. Allerdings gibt es auch Arten, die mit dieser ungünstigen Umweltsituation recht gut fertig werden und sich dank großer biologischer Anpassungsfähigkeit eher vermehren als vermindern.
Bemerkenswert am ganzen Greifvogelproblem ist die Tatsache, daß wir Menschen dank vieler Forschungsarbeiten in der ganzen Welt Beachtliches über diese Vögel wissen. Dies würde uns durchaus erlauben, die gefährdeten Arten vor einer weiteren Bestandsverminderung zu bewahren und gut funktionierende Populationen zu erhalten, ohne daß dies eine wesentliche Belastung oder gar Bedrohung für die menschlichen

Aktivitäten bedeutete. Man könnte heute für jede Greifvogelart ein entsprechendes Schutzmanagement arrangieren und realisieren, wenn man es nur wirklich wollte.

Die Greifvögel sind integraler Bestandteil der natürlichen Lebensgemeinschaften, der durch nichts zu ersetzen ist. Weder der Jäger mit seiner Flinte noch der Bauer mit den Giften gegen Wühlmäuse oder wer es auch immer sei, der in das Naturgeschehen eingreift, ist in der Lage, die Funktionen der Greifvögel zu übernehmen. Es hat Jahrtausende gebraucht, bis sich das Beziehungsgefüge der Natur eingespielt und gefestigt hat. Auch die Greifvögel haben da ihren eindeutigen, wesentlichen Platz. Und es wäre töricht vom Menschen, dieses abzustreiten oder nicht zu akzeptieren.

Und so ist der Schutz der Greifvögel heute zu einer Art Prüfstein für die Einstellung des Menschen zum Naturschutzproblem überhaupt geworden, wenn nicht sogar zu einem Test dafür, wie ernst es ihm mit seinem Wunsch ist, sich selber zu schützen und zu überleben. Das Greifvogelproblem kann durchaus als eine Herausforderung für den Menschen angesehen werden. Der muß sich darüber klar werden, daß, wenn er die Natur erhalten will, er sie vor allem vor sich selber schützen muß!

2.

Allgemeine Kennzeichen der Greifvögel

Vögel, die aufgrund ihrer „Tötungswerkzeuge", d. h. eines starken Hakenschnabels und mit scharfen Klauen gewappneter Fänge, Raub- oder Greifvögel genannt werden, sind nicht die einzigen Vögel die „rauben", also sich vom Fleisch und den Eiern anderer Tiere ernähren. Bei anderen Vogelgruppen finden wir viele Arten, die weit „räuberischer" veranlagt sind als so mancher Greifvogel. Beispiele hierfür sind die Rabenvögel, die meisten Möwenarten, die fischfressenden Reiher, Scharben und Taucher. Ja sogar der allgemein beliebte Weißstorch, der sich ausschließlich von lebend gefangenen Fröschen, Fischen, Mäusen, Junghasen und Jungvögeln ernährt, gehört ebenfalls in diese Gruppe.

Ob ein Tier ein Greifvögel ist, hängt nicht nur von der Gestalt des Schnabels oder der Füße ab, vielmehr sind noch andere Merkmale und Eigenschaften ausschlaggebend, von denen in späteren Abschnitten die Rede sein wird.

An sich müßten auch die Eulen zu den Greifvögeln gezählt werden, denn fast alle Vertreter weisen einige der Kriterien auf, die für die Greife kennzeichnend sind. Es gibt aber auch viele Unterschiede. Die Systematiker sind der Ansicht, daß die Eulen eher den Papageien, Ziegenmelkern und Kukucken nahestehen. Daher sind sie im System als besondere Ordnung – Strigiformes – vertreten. Die Taggreife dagegen gelten als nähere Verwandte der Enten- und Hühnervögel. Die Sache ist kompliziert, und es besteht keine besondere Notwendigkeit dazu, an dieser Stelle dies Problem zu vertiefen. Im weiteren werden wir uns mit den Eulen nicht mehr befassen.

Auf der Welt gibt es ungefähr 290 Greifvogelarten. Warum ungefähr? Nun das ist deshalb so, weil in einigen Fällen unter den ornithologischen Systematikern Uneinigkeit darüber besteht, ob die gegebene Spezies wirklich eine echte Art ist oder nur eine geographische Form oder Rasse einer anderen naheverwandten Art.

Die Greifvogelarten sind nicht überall auf der Erde gleichmäßig vertreten, was hauptsächlich mit den differenzierten Lebensbedingungen in den einzelnen klimatischen Zonen zusammenhängt. Und so brüten in den Tropen z. B. 210 Arten, und weitere 40 bis 50 Arten haben dort ihr Winterquartier. In der arktischen Tundra dagegen gibt es lediglich acht brütende Arten. In der Antarktis existieren überhaupt keine Greifvögel. Australien wird von 50 Arten besiedelt und Eurasien von etwa 100 Arten. Manche Arten kommen auf mehr als einem Kontinent vor. So brüten 20 der eurasischen Arten auch in Afrika. Jedoch nur neun Arten leben sowohl auf dem amerikanischen Kontinent als auch in Eurasien. Das mag mit den riesigen, für Greifvögel schwer zu überwindenden Meeresflächen zusammenhängen, die Amerika von den anderen Kontinenten trennt. Nur diejenigen Arten, die auch im hohen Norden brüten – dort wo die Entfernung zwischen der Alten und Neuen Welt am geringsten ist – kommen hier und da vor. Unter anderem sind das Steinadler, Rauhfußbussard, Kornweihe, Merlin, Gerfalke, Wanderfalke und Fischadler. Die beiden letzten sind übrigens echte „Kosmopoliten" und bewohnen beinahe die ganze Erde. Daraus ist zu ersehen, daß für den flugtüchtigen Wanderfalken die Ozeane kein Hindernis gewesen sind, um Neuland und ferne Inseln zu besiedeln. Daraus ist auch sein Artenname abgeleitet, der in vielen Sprachen der Welt der gleiche ist. Der Fischadler ist im übrigen ein

Abb. 1: Köpfe verschiedener Greifvögel

a – Gänsegeier

b – Mäusebussard

c – Habicht

d – Wanderfalke

e – Wespenbussard

langsamerer, aber ebenso ausdauernder Flieger: Er ist jedoch anderen Greifvögeln insoweit überlegen, als er seine Nahrung im Wasser fängt, also auch im Ozean und sie während des Fluges zu verzehren vermag.

Die Greifvögel haben verschiedene Größen. Es gibt kleine, insektenfressende Fälkchen, die nur 40 Gramm wiegen, aber auch Riesen, mit bis zu zwölf Kilogramm Körpergewicht, wie z. B. manche Geier. Diese sind übrigens überhaupt die größten flugfähigen Vögel der Erde.

Was den Körperbau der Greifvögel anbetrifft, so ist er grundsätzlich der gleiche wie der anderer Vögel. Charakteristisch sind jedoch gewisse anatomische Besonderheiten, die im Zuge der Evolution entstanden und somit eine Konsequenz der je spezifischen Lebensweise sind. Ganz wesentlich ist dabei das ständige Bestreben der Greife, Beute zu machen, also zu fangen, zu töten und zu verzehren. Dazu sind eben bestimmte anatomische und morphologische Anpassungen notwendig, die sich besonders im Bau und dem Aussehen des Schnabels, der Füße, der Flügel, des Schwanzes und der Augen offenbaren.

Alle Greifvögel haben einen Hakenschnabel mit deutlich längerem Oberkiefer und kürzerem Unterkiefer. Die Ränder beider Schnabelhälften sind ziemlich scharf und eignen sich zum Zerschneiden von Fleisch. Die Form des Schnabels ist bei den verschiedenen Arten von der Nahrung abhängig, von welcher sich die Vögel ernähren. Große Greife, also etwa Steinadler oder Seeadler, deren Beute u. a. aus größeren Tieren besteht, haben einen großen und starken Schnabel, mit dem sie das Fell und die Muskelschichten ihrer Beute zerreißen können. In noch stärkerem Maße betrifft das die Geier (Abb. 1a). Es konnte festgestellt werden, daß der Bau des Schnabels der einzelnen Geierarten von deren bevorzugter Nahrung abhängt (Brown, 1970). Arten mit geringerer Nahrungsspezialisierung wie Weihen, Milane, Bussarde, Habichte und auch kleinere Adler haben Schnäbel mittlerer Größe (Abb. 1b, c). Andere Arten, die sich vorrangig von Vögeln ernähren, besitzen eher einen kleinen Schnabel. Bei den zu dieser Gruppe gehörenden Falken ist der Schnabel zusätzlich noch mit dem sogenannten „Falkenzahn“, einer scharfen Ausbuchtung am Rand des Oberschnabels, ausgerüstet, der das schnelle Töten

der Beute – das Durchbeißen der Halsschlagader oder sogar der Halswirbel – erleichtert (Abb. 1d). Zu erwähnen wäre noch der spezifisch geformte Schnabel des Wespenbussards mit nur wenig gekrümmtem Oberschnabel. Zum Fang von Wespen und Hummeln, wie auch zum Herausziehen der Larven aus den Waben ist diese wenig greifvogelartige Schnabelform bestens geeignet (Abb. 1e).
Die Füße des Greifvogels dienen nicht nur der Fortbewegung, sondern auch dazu, Beute zu greifen. Je nach Nahrungsspezialisierung einer Art sind die Füße verschieden gestaltet. Besteht die Hauptbeute aus Vögeln, dann sind wie z. B. beim Wanderfalken schlanke Zehen mit dünnen, aber sehr scharfen Krallen notwendig (Abb. 2a). Zum Fang von Kleinsäugern sind kurze Zehen mit kurzen Krallen am günstigsten. Mäusebussard und Schreiadler – die bevorzugt Mäuse erbeuten – haben solche Fänge (Abb. 2b). Wenn es um das Töten größerer Beutetiere geht, wie es Steinadler und Habicht fertigbringen, dann sind starke Füße mit kräftigen Zehen und besonders langen und gekrümmten Krallen am Hinterzeh und ersten Vorderzeh optimal (Abb. 2c). Schlangen und andere Reptilien, die vorrangige Nahrung des Schlangenadlers, sind am besten mit kurzen, aber starken Fängen zu fassen und zu halten (Abb. 2d). Der Fischadler besitzt eine besondere anatomische Eigenschaft: Er kann eine seiner Zehen der mit langen und stark gekrümmten Krallen bewehrten Fänge nach vorne oder nach hinten verdrehen. Dadurch kann er sehr gut glitschige Fische fangen und festhalten (Abb. 2e).
Eine Aufteilung der Greifvögel aufgrund des Baus der Fänge ist natürlich nicht ganz einwandfrei, denn es gibt auch viele Zwischenformen. Ganz abgesehen davon kommen auch noch „Unregelmäßigkeiten" vor. Die Geier, die nur ganz selten eine Beute töten und sich meist von schon toten Tieren ernähren, haben ihre Füße praktisch nur noch zum Gehen. Generell ist es allerdings richtig, daß der Fuß eines Greifvogels dazu da ist, um die Beute zu fassen und zu töten oder aber auch um sie zu fassen und festzuhalten, damit sie dann ihre Beute mit Hilfe des Schnabels töten können.
Ihre Beute machen die Greifvögel meistens aus dem Flug heraus, je nach Art der Beute und deren Aufenthaltsort geschieht dies allerdings

Abb. 2: Fänge verschiedener Greifvögel

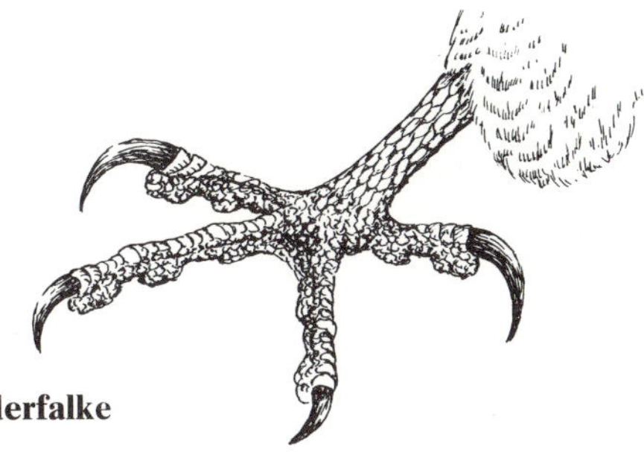
a – Wanderfalke

b – Schreiadler

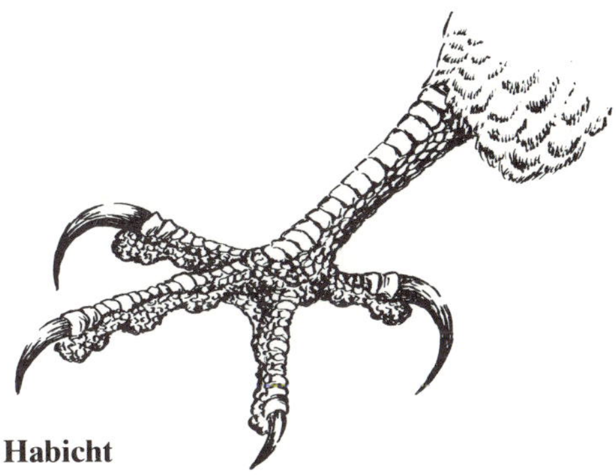
c – Habicht

d – Schlangenadler

e – Fischadler

Abb. 3: Flügelformen der Greifvögel

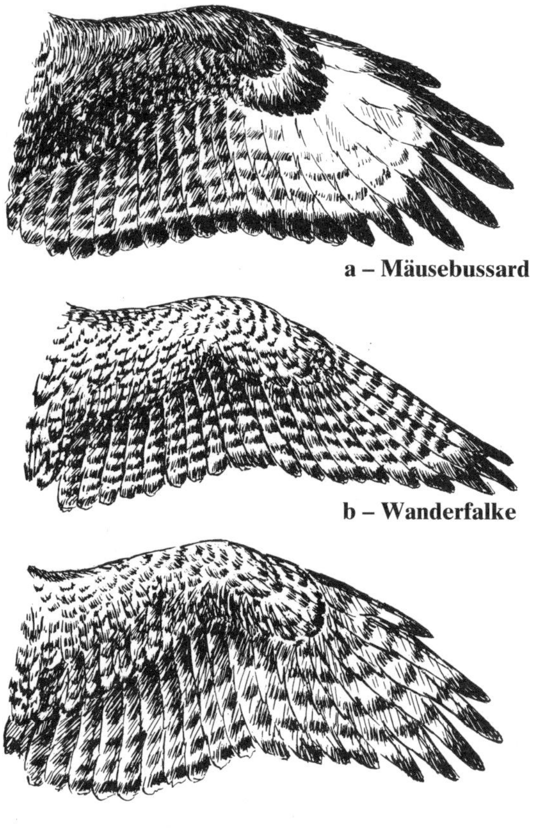

auf verschiedene Art und Weise. Deshalb sind auch die Flügel der einzelnen Vogelarten unterschiedlich. Bei gewisser Vereinfachung kann man von drei verschiedenen Flügeltypen sprechen. Einen Typ bilden diejenigen Greifvögel, die den Segelflug bevorzugen. Dies setzt lange und breite Flügel mit fingerartig zu spreizenden und damit die Stärke der Aufwinde regulierenden Handschwingen voraus. Vertreter dieser Gruppe sind vor allem die Geier, aber auch Adler, Milane und Bussarde (Abb. 3a) Zum zweiten Typ gehören Arten mit schmalen und spitz auslaufenden Flügeln, wozu die schnellfliegenden Falken zählen (Abb. 3b). Dann gibt es noch einen Zwischentyp mit relativ kurzen, breiten und abgerundeten Flügeln. Dadurch ist z. B. dem Habicht ein schneller Start sowie ein gewandter Flug zwischen den Bäumen und Sträuchern möglich (Abb. 3c).
Die zum ersten Typ gehörenden Vögel segeln oder gleiten häufig – wie gesagt – durch die Luft. Die Arten mit dem zweiten oder dritten Flügeltyp haben einen meist aktiven Flug, der im Prinzip einen ständigen Flügelschlag verlangt. Bei guter Thermik sind sie aber durchaus in der Lage zu segeln.
Wichtig für den Flugstil eines Greifvogels ist außerdem der Schwanz, auch Stoß genannt, der bei den einzelnen Arten oft ganz verschieden ausfällt. Er kann entweder lang oder kurz, breit oder schmal sein, abgerundet, gegabelt oder keilförmig enden. Warum diese Formen so vielfältig sind, ist nicht ganz geklärt. Gewisse Funktionen des Schwanzes sind jedoch eindeutig. Er dient vor allem zum Lenken und Steuern des Fluges. Außerdem bildet der breit gefächerte Schwanz eine zusätzliche Tragfläche, besonders beim Segelflug. Daher haben die entsprechenden Arten, wie z. B. der Mäusebussard, auch meistens einen vollen und breiten Schwanz (Abb. 4a). Arten, die viele verschiedene Flugmanöver ausführen müssen, haben gewöhnlich einen relativ langen Schwanz, wie etwa Habicht, Sperber, Weihen, Milane und einige Kleinfalken (Abb. 4b, c). Der Schwanz anderer Falken, nämlich der von Wanderfalken, Gerfalken und Würgfalken, ist dagegen ziemlich kurz und steif. Während des Fluges ist er meistens mehr oder weniger geschlossen, was dem Vogel wegen der größtmögliche Stromlinienform einen schnellen Flug ermöglicht (Abb. 4d).
Kurz sei auch noch das Sehvermögen der Greifvögel besprochen. Alle Arten sehen außerordentlich scharf. Dies ist durchaus erforderlich, wenn man berücksichtigt, daß die potentielle Beute häufig aus weiter Entfernung erspäht werden muß. Das Auflösungsvermögen der Netzhaut ist mehrfach größer als das des Menschen. Die Rectina ist mit besonders vielen Sehzellen ausgerüstet. Die Augen sind groß und etwas hervorstehend. Sie liegen an den Seiten des Kopfes. Dadurch umfaßt jedes Auge ein monukulares seitliches Sehfeld von bis zu 150°. Das binokulare Sehfeld nach vorne beträgt etwa 50°. Diese Werte sind natürlich bei den einzelnen Arten etwas unterschiedlich. Es verbleibt aber dennoch nur ein recht geringer Winkel nach hinten, der nicht ohne Kopfwendung ins Sehfeld kommt. Der sehr bewegliche Hals ermöglicht jedoch ein beliebiges Wenden des Kopfes.
Andere Sinne sind für die Greifvögel weniger wichtig. Zwar haben sie ein gutes Gehör, was aber für die meisten Arten keine grundsätzliche Bedeutung beim Beutemachen hat, sondern vor

allem den verschiedenen innerartlichen Kontakten dient. Lediglich die Weihen sollen kleine Beutetiere im dichten Unterwuchs nach Eulenart mit Hilfe des Gehörs orten können. Der Geruchssinn ist eher schwach entwickelt. Kürzlich ist jedoch festgestellt worden, daß z. B. die amerikanischen Geier das Aas auch aufgrund ihres Geruchssinnes finden.

Wir haben es also bei den Greifen mit einer ziemlich spezialisierten, wenn auch durch die verschiedensten Erscheinungsformen gekennzeichneten Gruppe von Vögeln zu tun. Ihr Hauptmerkmal ist es, daß sich alle Vertreter von tierischem Eiweiß ernähren, dessen Hauptquelle selbsterbeutete andere Tiere sind. Die Unterscheidung zwischen Fleisch- und Pflanzenfressern ist bei den Vögeln jedoch längst nicht so eindeutig wie bei den Säugetieren. Denn auch sehr viele andere Vogelarten ernähren sich von Tieren. Deshalb sollte man nicht versuchen, hier allzu weite Parallelen zu ziehen. Denn in ökologischer Hinsicht sind Greifvögel und behaarte Beutegreifer in ihrer Bedeutung und Rolle in den Lebensgemeinschaften nicht unbedingt direkt vergleichbar. Nur zu gerne werden von gewissen Interessengruppen leider alle Beutegreifer unter einen Hut gesteckt. Dies ist biologisch gesehen nicht vertretbar.

Abb. 4: Stoßformen der Greifvögel

a – Mäusebussard

b – Habicht

c – Schwarzmilan

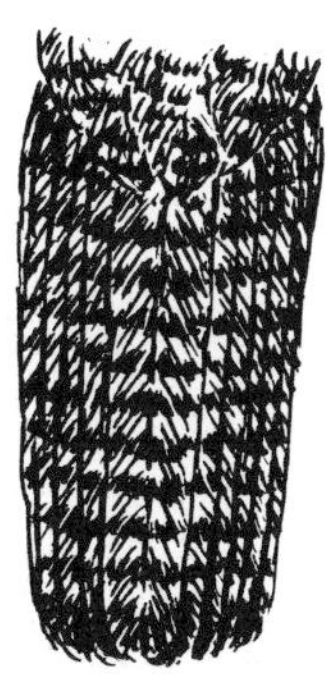

d – Wanderfalke

3.

Grundriß der Systematik und wichtigste Merkmale der einzelnen Ordnungen, Familien und Gattungen

Wenn man die wichtigsten ornithologischen Standardwerke durchsieht, wird man feststellen, daß es hinsichtlich der Systematik der Greifvögel die verschiedensten Standpunkte gibt. Die unterschiedlichen Ansichten betreffen nicht nur gewisse Details, sondern auch die grundsätzliche Aufteilung. Wenn dem so ist, dann bedeutet dies, daß wir über das zoologische System dieser Vögel noch ziemlich wenig wissen. Letzteres gründet unter anderem darin, daß es an Fakten über die einzelnen Arten mangelt. Das betrifft nicht nur diejenigen Arten, die schon lange ausgestorben sind, sondern auch einen Teil der gegenwärtig vorkommenden.

Beinahe jedes Vogelbuch, ganz gleich welcher Art es auch sei, enthält eine andere Reihenfolge und Aufstellung der Arten. Jeder Autor beruft sich dabei auf eine von ihm selbst gewählte Autorität auf dem Gebiet der Systematik, es sei denn, er hält sich selber für eine solche. Das bringt natürlich eine Menge Verwirrung mit sich, und für weniger orientierte Außenstehende sowie Laien erscheint das ganze zoologische System schon etwas fragwürdig. Für diese Personen sind vermutlich die wissenschaftlichen Schöpfer und Kritiker des zoologischen Systems nicht mehr ganz glaubwürdig.

Bis vor nicht allzu langer Zeit waren alle Greifvögel der Welt in einer systematischen Einheit, im Rang einer Ordnung namens Falconiformes zusammengefaßt und schlicht in Familien aufgeteilt. Allen Nichtsystematikern genügte dies, und wir alle waren daran gewöhnt. Die Zwistigkeiten der Systematiker bezogen sich damals im wesentlichen darauf, wie die entsprechenden Arten einzustufen seien. Grundsätzlich stellte zuerst der bekannte Ornithologe Stresemann die bis dahin gültige Systematik in Frage. Seine Vorstellungen vom Stammbaum der Greifvögel und der darauf aufgebauten systematischen Aufteilung basierten auf einer anatomisch-physiologischen Eigenheit, nämlich dem verschiedenen Modus der Handschwingenmauser (V. und E. Stresemann, 1961). Deswegen und wegen weiterer neuer Erkenntnisse (Glutz von Blotzheim, 1971) wurde die Ordnung dann in folgende drei Unterordnungen aufgeteilt:

Cathartae, mit der einzigen Familie der Neuweltgeier – Cathartidae,

Accipitres, mit zwei Familien, den Habichtsartigen – Accipitridae und den Falkenartigen – Falconidae,

Sagittarii, mit nur einer der Familie Sagittaridae zugehörigen Art, dem Sekretär.

Etwa zur gleichen Zeit haben die Ornithologen Brown und Amadon (1969) eine andere Aufteilung der Ordnung Falconiformes in ebenfalls drei Unterordnungen vorgenommen. Auch hier sind die Neuweltgeier als eine besondere Gruppe ausgewiesen worden. Dagegen haben sie die Falken von den Greifen getrennt, den Außenseiter Sekretär jedoch diesen letzten zugeteilt, aber als Überfamilie!?!

Nur wenige Jahre später ist dann diesen Unterordnungen von dem bekannten Ornithologen K. H. Voous, in der von ihm ausgearbeiteten Liste der holoarktischen Vogelarten der hohe Rang von getrennten Ordnungen zuerkannt worden (Voous, 1973). Unterstützt wurde diese systematische Aufteilung auch durch das in England herausgegebene siebenbändige Werk "The Birds of Western Palearctic", dem der systematische Vorschlag von Voous' zugrundeliegt.

Ob mit Recht so oder so aufgeteilt worden ist, ist für einen Laien schwer zu entscheiden und soll an dieser Stelle nicht diskutiert werden. Wichtig wäre es jedoch, wenn sich die Wissenschaftler endlich an eine Klassifikation hielten.
Die zu der Ordnung *Cathartiformes* gehörenden Neuweltgeier, von denen es lediglich sieben Arten gibt und die alle nur in Amerika vorkommen – darunter der mächtige Kondor –, unterscheiden sich von den anderen Greifvögeln dadurch, daß ihnen die Nasenscheidewand fehlt. Dafür besitzen sie drei große Nasenkammern. Dies ist eine Besonderheit, die darauf hinweist, daß der Geruchssinn gut entwickelt sein muß. Die Füße dieser Geier ähneln mehr denen von Hühnern als denen von Greifvögeln. Die Hinterzehe ist stark zurückgebildet und weitgehend funktionslos. Keiner dieser Vögel baut einen Horst. Die Eierschalen aller Arten haben einen gelblichen Untergrund.
Zur Ordnung *Accipitriformes*, also zu den Greifen, gehören über 220 Arten. Alle bauen einen Horst und legen Eier mit weißgrünlicher Schale. Ihren flüssigen Kot (Schmelz) verspritzen sie in weitem Strahl. Das Auswechseln der Handschwingen (Schwungfedern der Flügel) während der Mauser verläuft deszendent, d. h. von der innersten, letzten Feder kontinuierlich zur Flügelspitze hin. Die ganze Ordnung ist in eine Reihe von Familien unterteilt, was bei der großen biologischen Vielfalt dieser Gruppe durchaus begründet ist. Die in Europa vorkommenden Greife sind in zwei Familien unterteilt, nämlich die Habichtartigen und die Fischadlerartigen. Zu den letzteren gehört nur eine Art, nämlich der Fischadler.
Die gegenwärtige Ordnung *Falconiformes*, also die Falken, haben nur noch drei Familien mit zusammen 60 Arten. Am zahlreichsten ist die Familie der Falkenartigen, in welcher allein zur Gattung Falco 37 Arten gehören. Die Falken errichten keinen eigenen Horst, sondern brüten in alten Nestern anderer Vögel beziehungsweise in Baumhöhlen und Felsnischen, an Gebäuden oder auch auf dem Boden. Die Schale ihrer Eier hat einen rötlichen Untergrund. Die Falken entleeren ihren Darm nicht, indem sie den Kot im Bogen verspritzen, sondern sie lassen ihn senkrecht fallen. Alle mausern ihre Handschwingen divergent, d. h. als erste fällt eine der mittleren Federn, dann werden kontinuierlich in beiden Richtungen – zur Flügelspitze und zum Flügelansatz hin – die Handschwingen ausgewechselt. Alle Falken haben die Angewohnheit, mit dem Kopf zu nicken.
Außer den bislang angeführten Merkmalen sind bei der systematischen Trennung auch noch andere, nach jüngsten Erkenntnissen wichtige anatomische und morphologische Merkmale maßgeblich gewesen. Nicht in jedem Fall ist die Klassifikation jedoch völlig eindeutig, was bei der riesigen Vielfalt an Formen verständlich ist, aber leider eine weitere Revision des Systems erwarten läßt.
Es gibt jedoch auch eine Reihe von gemeinsamen Merkmalen für die Greife. Alle Greifvögel haben einen mit Schneidekanten und Reißhakenspitze versehenen Schnabel, dessen Oberteil an der Basis mit einer Wachshaut bedeckt ist. Die kräftigen Füße sind mit Hornschildern bedeckt; bei einigen Arten sind sie bis zu den Zehen befiedert. Die Zehen sind mit scharfen, meistens recht langen und bogenförmig gekrümmten Krallen versehen. Diese Greiffüße werden auch Fänge genannt.
Die Flügel haben zehn, selten auch neun oder elf Handschwingen. Die Zahl der Stoßfedern im Schwanz beträgt meistens zwölf, bei einigen Arten auch vierzehn. Viele Arten sind durch einen ausgeprägten Geschlechtsdimorphismus (unterschiedliches Aussehen von Männchen und Weibchen) gekennzeichnet, der Körpergröße und auch die Gefiederfärbung betrifft. Bei manchen Arten ist wiederum das Federkleid der einzelnen Individuen unterschiedlich gefärbt, was weder mit dem Geschlecht noch mit dem Alter zusammenhängt. Geschlechtsreif werden die Greifvögel artbedingt im zweiten bis sechsten Lebenjahr. Sie pflanzen sich nur einmal im Jahr fort. Sie legen, auch wieder je nach Art, ein bis acht Eier. Die Jungen haben bei Geburt ein Daunenkleid. Einige Tage nach dem Schlüpfen wachsen ihnen neue, dichtere Daunen und später erst das eigentliche Federkleid. Bei den meisten Arten hat das Jugendkleid eine anderer Färbung als das Alterskleid. Bei manchen Arten, wie z. B. beim Habicht, verändert sich auch dies Alterskleid etwas von Jahr zu Jahr und wird immer heller (siehe Abb. 66, 67, 68 – Seiten 86 und 87).
Bei der nun folgenden Kurzbeschreibung der einzelnen Gruppen; seien sie in der Systematik nun als Familien oder auch nur als Gattungen

vertreten, wollen wir uns lediglich auf die auch in Europa vorkommenden beschränken und nur in Ausnahmefällen – zwecks besserer Charakteristik – auch auf exotische Vertreter zurückgreifen.

Wespenbussarde

Nicht alle Arten ernähren sich hauptsächlich von Wespenlarven, wie es die der Gattung Pernis tun. Zu dieser zählen zwei oder drei Arten, denn man ist sich uneinig darüber, ob es nur eine oder zwei verschiedene südostasiatische Arten gibt. Unser Wespenbussard, der außer Europa noch Westsibirien und Transkaukasien bewohnt, gehört zu den spezialisierten Insektenfressern. Dementsprechend hat er eine besondere Anatomie, so z. B. die sehr schmalen Nasenöffnungen, den nur schwach gekrümmten Oberschnabel und die mit relativ schwachen Krallen versehenen „Scharrfüße", die das Ausscharren von Wespen- und Hummelnestern bzw. das Herausziehen der Larven aus deren Waben ermöglichen. Die steife, schuppenartige Befiederung des Kopfes zwischen Schnabelbasis und Augen wie auch der dicke, körnige Hornschilderbelag der Füße schützen den Vogel vor den gefährlichen Stichen der ihr Nest verteidigenden Insekten (Abb. 5).

Abb. 5: Wespenbussard (Li.)

Milane

Zu ihnen gehören etliche Gattungen, deren gemeinsames Merkmal der mehr oder minder gegabelte Schwanz, der nicht besonders kräftige Schnabel sowie die ziemlich kurzen und nur mit schwachen Krallen ausgerüsteten Fänge sind. In Europa kommen nur zwei Arten vor – der Rotmilan und der Schwarzmilan (Abb. 6). Ein Großteil aller Milanarten „schmarotzt" gerne bei anderen Greifvögeln. Sie belästigen sie solange, bis diese ihre Beute abgeben. Auch gibt es aas- und abfallfressende Arten. Manche Arten sind hochspezialisiert, wie z. B. der Schneckenweih aus Südasien, der mit seinem überlangen, spitzen Oberschnabel die Schnecken aus ihren Gehäusen zieht.

Abb. 6: Rotmilan (Li.)

Seeadler

Es sind große bis sehr große Vögel, die in ihrer Gestalt den echten Adlern ähnlich sind, jedoch eine abgesonderte Gruppe bilden. Artenmäßig am zahlreichsten ist die Gattung Haliaeëtus, die mit acht Arten Europa, Asien, Afrika und Nordamerika bewohnt. Gemeinsames Merkmal ist der teilweise unbefiederte Lauf und der sehr kräftige, wuchtige Schnabel. Alle Arten zeigen gewisse Bindungen an Gewässer, die auch ihre

Abb. 7: Seeadler (Ła.)

Hauptjagdgebiete sind. Als ornithologische Besonderheit ist der ebenfalls zu dieser Gruppe zählende Geierseeadler oder Palmgeier zu erwähnen. Er ernährt sich vorwiegend von den Früchten der Ölpalme und frißt nur zusätzlich kleine Fische, Krabben und Schnecken. In Europa kommt nur eine Art vor, nämlich der Seeadler (Abb. 7).

Geier

Es sind große und sehr große Vögel, die einen kahlen oder nur mit Daunen bewachsenen Kopf und Hals sowie einen starken Schnabel besitzen.

Abb. 8: Schmutzgeier (Mey.)

Damit sind sie bestens ausgestattet, um Aas zu fressen. Um an die Innereien in der Leibeshöhle großer toter Tiere heranzukommen, müssen sie mit Kopf und Hals in das Innere des Tierkadavers eindringen. Ein normales Federkleid würde dabei stark verdreckt und verschlissen werden. Aufgrund dieser Hauptnahrung müssen dann die Füße auch nicht als Fang- und Tötungswerkzeug dienen. Sie sind mit relativ schwachen Krallen ausgerüstet. Typisch für diese Vögel sind die sehr langen und breiten Flügel, die aus zehn starken Handschwingen und bis zu 25 Armschwingen bestehen. Bei anderen Greifvögeln gibt es nur zehn Armschwingen. In Europa kommen vier Arten als Brutvögel vor (Abb. 8). In Mitteleuropa werden sie gegenwärtig nur noch als seltene Irrgäste gesichtet. In den Alpen wird versucht, den Bartgeier wieder einzubürgern.

Schlangenadler

Zu ihnen gehören u. a. die Gattung Circaëtus mit vier in Eurasien und Afrika vorkommenden Arten. Sie sehen den Adlern ähnlich und werden daher in vielen Sprachen auch Adler genannt. Außer der verhältnismäßig ansehnlichen Größe haben sie aber weiter nichts mit den wirklichen Adlern gemeinsam (Abb. 9). Weitere hier eingereihte Gattungen werden von Arten repräsen-

Abb. 9: Schlangenadler (Li.)

tiert, die den Weihen, Bussarden ja sogar den Habichten ähnlich sind. Die Schlagenadler sind jedoch eine spezialisierte, Reptilien und Lurche fressende Gruppe. Die Gattung, zu der unser einheimischer Schlangenadler gehört, ist durch einen relativ dicken Kopf mit etwas eulenartigen, nach vorne gerichteten Augen und einem kurzen, schon von der Basis ab gekrümmten Schnabel gekennzeichnet. Die Füße sind mit großen, sechskantigen Hornschildern bedeckt und mit nur kurzen, aber gut greifenden Fängen versehen.

Weihen

Sie sind eine morphologisch sehr einheitliche Gruppe, die nur durch eine einzige Gattung – Circus – vertreten werden. Es sind Vögel mit langen, schmalen Flügeln, langem Schwanz und langen Läufen. Charakteristisch ist das Gesicht mit dem eulenartigen Schleier. Bei allen Arten kommt ein deutlicher Geschlechtsdimorphismus vor. Typisch ist ihr weicher Gaukelflug. Alle, mit Ausnahme einer exotischen Art, brüten auf dem Boden. In Europa kommen vier Arten als Brutvögel vor (Abb. 10).

Abb. 10: Rohrweihe (Li.)

Habichte

Von den vier Gattungen, die zu dieser Gruppe gehören, ist die Gattung Accipiter am größten.

Abb. 11: Habicht (Kr.)

Sie zählt 47 auf der ganzen Welt verbreitete Arten. Es sind kleine bis mittelgroße Vögel, die relativ kurze und abgerundete Flügel sowie einen langen Schwanz besitzen (Abb. 11). Dadurch ist ein schneller Flugstart sowie ein wendiger Flug auch in deckungsreichem Gelände möglich. Die verhältnismäßig langen und kräftigen Beine mit starken Fängen ermöglichen es ihnen, auch größere Beutetiere zu überwältigen. Zwischen den Geschlechtern bestehen deutliche Größenunterschiede. Die Weibchen sind wesentlich größer. Nur drei der vielen Arten kommen in Europa vor, wobei der Kurzfangsperber lediglich in Südeuropa beheimatet ist.

Bussarde

Sie bilden eine außerordentlich differenzierte Gruppe, zu welcher u. a. die riesige Harpye und der Affenadler gehören, aber auch heuschrecken-, krabben- und fischfressende Arten sowie eine ganze Reihe weniger spezialisierter, zur Gattung Buteo zählender Arten. Diese letzte Gattung ist weltweit verbreitet. Ihre Vertreter kommen in Eurasien, Amerika und Afrika vor, ebenso auf verschiedenen ozeanischen Inseln. In Europa gibt es drei Arten – den Mäusebussard, den Rauhfußbussard und den Adlerbussard. Es sind mittelgroße Vögel mit breiten Flügeln und einem relativ kurzen Schwanz (Abb. 12). Die

Abb. 12: Mäusebussard (Li.)

Fänge der Bussarde sind nicht besonders stark. Bei vielen Arten unterscheiden sich die einzelnen Vögel stark in der Färbung ihres Federkleides.

Adler

Es sind mittelgroße bis große Vögel. Einige Arten, wie z. B. die zur exotischen Gattung Spizaëtus gehörenden, sind nur wenig untersucht. Somit ist hinsichtlich ihrer Biologie manches noch unbekannt. Vier Vertreter der Gattung Aquila – Steinadler, Kaiseradler, Schelladler und Schreiadler – kommen auch in Europa vor. Sie sind durch einen kräftigen Schnabel mit zunächst geradem und dann erst nach unten abgebogenem First gekennzeichnet. Zudem haben sie lange, breite Flügel, deren Handschwingen im Flug fingerartig gespreizt und etwas nach oben gebogen sind (Abb. 13). Die Läufe sind bis zu den Zehen befiedert. Nach neusten, in Polen durchgeführten Untersuchungen könnte die Echtheit der Arten Schreiadler, Schelladler und auch des asiatischen Steppenadlers bezweifelt werden. Womöglich sind sie nur geographische Formen der gleichen Spezies.

Abb. 13: Schreiadler (Ła.)

Die Gattung Hieraaëtus ist in Europa durch zwei Arten vertreten, nämlich den Habichtsadler und den Zwergadler. Diese großen Vögel haben einen nicht besonders kräftigen, eher habichtsartigen Schnabel. Auch Flügel und Schwanz sind denen der Habichte ähnlich. Dementsprechend gleicht auch der Flug dieser Vögel einander. Die Läufe sind bis zu den Zehen befiedert und mit starken Fängen ausgerüstet. Alle Vögel dieser Gattung sind kämpferisch veranlagt. Das gilt im übrigen nur für einen Teil der Arten aus der Gattung Aquila.

Fischadler

Das ist ein Adler, der an sich keiner ist. Es gibt nur einen einzigen Vertreter, nämlich den Fischadler, der beinahe auf der ganzen Welt vorkommt. Er ist Brutvogel in Nord- und Mittelamerika, in großen Räumen Asiens bis zum Stillen Ozean, in vielen Regionen Afrikas, an der australischen Küste und auch in Europa. Man hat bei diesem Greifvogel eine Reihe von Merkmalen gefunden, die seine besondere Stellung im Vergleich mit anderen Greifen bezeugen. So besitzt er als einziger Greifvogel eine Wendezehe, die er beliebig nach vorne oder auch nach hinten drehen kann, um einen gefangenen Fisch besser zu halten. Beim Jagdstoß ins Wasser kann der Fischadler seine schlitzförmigen Nasenlöcher schließen, wodurch verhindert wird, daß Wasser in die Nase eindringt. Gewisse andere anatomische Merkmale wie auch die Gefiederstruktur ähneln denen der Neuweltgeier. Die Tatsache, daß der Fischadler einen eigenen Horst baut und weiß-grünlich gefärbte Eier legt, weist wiederum

Abb. 14: Fischadler (Ar.)

darauf hin, daß er den Habichtartigen nahesteht. Entweder ist er also ein Vertreter einer mehr primitiven Greifvogelgruppe, wie es auch die Neuweltgeier sind, oder aber eine hochspezialisierte Art (Abb. 14).

Abb. 15: Wanderfalke (Ła.)

Falken

In Europa wird diese Gruppe ausschließlich von der Gattung Falco mit zehn Arten repräsentiert. Charakteristisch für die Falken ist der kurze, stark nach unten gekrümmte Schnabel mit dem sogenannten Falkenzahn. Dies ist eine zusätzliche, scharfe Ausbuchtung an der Schneidekante des Oberschnabels. Die Falken haben runde Nasenöffnungen mit einer kornartigen, knöchernen Erhebung in der Mitte. Der runde Kopf sitzt auf einem relativ kurzen Hals. Die Flügel sind lang und schmal (Abb. 15). Das Gefieder ist hart und kompakt. Bezeichnend ist der starke Geschlechtsdimorphismus. Bei allen Arten sind die Männchen wesentlich kleiner als die Weibchen. Außerdem unterscheiden sie sich bei vielen Arten auch aufgrund des anders gefärbten Federkleides.

4.

Kurzbeschreibung der in Europa vorkommenden Arten

Abb. 17: Wespenbussard – Männchen

4.1

Wespenbussard

Pernis apivorus (Linnaeus, 1758)

GB –	Honey buzzard	H –	Darázsölyv
F –	Bondrée apivore	YU –	Škanjec osaš
SU –	Osojed	BG –	Osojad
PL –	Trzmielojad	R –	Viespar
CS –	Včelojed obecný	S –	Bivråk
		NL –	Wespendief

ER IST EIN VOGEL, der in Größe, Gestalt sowie im Flugbild dem Mäusebussard ähnlich ist und deshalb oft mit ihm verwechselt wird. Sieht man einen Greifvogel mittlerer Größe, der auf einer Wiese oder am Wegrand sitzt, kann es auch ein Mäusebussard sein. Scharrt er aber wie ein Huhn eifrig im Boden und wird von heftig angreifenden Wespen oder Hummeln umschwärmt – woraus er sich übrigens deutlich nichts macht –, dann ist er mit Sicherheit ein Wespenbussard. Der Wespenbussard ist insgesamt weniger stark als die meisten Greifvögel an eine „räuberische" Lebensweise angepaßt; es sei denn, daß man das Ausscharren von Erdnestern stechender Insekten und das Fressen von deren Larven auch so betrachtet.

Kennzeichen

Vom Mäusebussard ist er aufgrund des kleinen, taubenähnlichen Kopfes und der etwas schlankeren Gestalt zu unterscheiden. Sein Flugbild differiert von dem des Mäusebussards durch die etwas schmaleren Flügel, den mehr hervorragenden Kopf und den in Relation längeren Schwanz, der drei breite dunkle Querstreifen aufweist (Abb. 16). Die Gefiederfärbung ist sehr unterschiedlich – es gibt ganz dunkelbraune

Abb. 16: Flugbild des Wespenbussards

Exemplare und solche mit braunweißer Querbänderung oder Längsfleckung auf der Unterseite sowie solche mit beinahe weißer Unterseite und braunem Rücken. Der Kopf ist bei alten Männchen hellgrau, bei Weibchen grau oder auch braun. Braun ist er ebenso bei Jungvögeln. Die Iris ist hellgelb. Auch die Fänge sind gelb (Abb. 17).

Maße

Die Flügelspannweite beträgt 110 bis 130 Zentimeter, das Körpergewicht 700 bis 1.000 Gramm.

Verbreitung

Der Wespenbussard ist Brutvogel in allen Ländern Europas. In Großbritannien gibt es nur vereinzelte Brutplätze. Er kommt nicht im nördlichen Teil von Skandinavien sowie der Sowjetunion und auch nicht ganz im Süden Europas vor. Die europäische Brutpopulation zählt 60.000 bis 80.000 Paare.

Wanderungen

Der Wespenbussard ist Zugvogel und überwintert in Afrika, südlich der Sahara. Aus Mitteleuropa zieht er im September weg und kehrt in der zweiten Aprilhälfte zurück.

Lebensraum

Er lebt in Wäldern, häufig an deren Rändern. Nahrung sucht er meistens auf offenen Flächen, wie z. B. Wiesen, Kahlschlägen im Wald, an Wegrändern und dergleichen.

Fortpflanzung

Der Horst befindet sich gewöhnlich am Rand eines Altholzbestandes, meistens auf Laubbäumen. Er ist deutlich kleiner als die Horste anderer Greifvögel derselben Körpergröße. Manchmal werden von Wespenbussarden auch alte Nester anderer Vögel besetzt und ausgebessert. Kennzeichnend ist die üppige Begrünung des Horstes mit frischen Blattzweigen. Die Eier werden erst Ende Mai gelegt, meistens sind es nur zwei. Die Jungen schlüpfen nach 30 bis 35 Tagen und verbleiben etwa 40 Tage im Horst. Weitere vierzehn Tage werden sie dann noch außerhalb des Horstes von den Eltern versorgt (Abb. 18).

Nahrung

Hauptsächlich sind Larven wie auch voll entwickelte Wespen und Hummeln seine Nahrung. Er erbeutet aber auch größere Insekten oder Frösche, Eidechsen und Jungvögel.

Nahrungserwerb

Die Wespen- oder Hummelnester werden im Spähflug oder beim Ansitz entdeckt. Der Wespenbussard orientiert sich dabei an den ein- und ausfliegenden Insekten. Er geht sowohl an freihängende als auch an unterirdische Nester. Diese werden mit den Füßen und dem Schnabel ausgescharrt, manchmal aus Tiefen bis zu 40 Zentimetern. Dann reißt der Wespenbussard die Waben heraus und zieht die Larven mit dem Schnabel aus den Wabenzellen, um sie zu verzehren.
Bei passender Gelegenheit fängt er auch voll entwickelte Insekten. Zum Horst trägt der Wespenbussard nur Waben und verfüttert dort deren Inhalt an die Jungen. Heuschrecken und größere Käfer, wie auch Frösche und Eidechsen jagt er oft zu Fuß.

Abb. 18: Horst des Wespenbussards mit Gelege (Li.)

Abb. 20: Gleitaar

4.2

Gleitaar

Elanus caeruleus (Desfontaines, 1789)

GB – Black-winged-kite	YU – Lunja crnokrila
F – Élanion blanc	BG – Pepelawa kanitschka
SU – Tschernokrylij korschun	R – Gaie-albǎ
PL – Kaniuk	S – Svartvingad glada
CS – Luňak šedy	NL – Grijze wouw
H – Kuhi	

Der Vollständigkeit halber soll auch dieser etwas exotische, an sich nur in Afrika und Ostasien vorkommende, aber auch in Südportugal beheimatete Greifvogel hier angeführt werden. In Mitteleuropa konnte der Gleitaar nur sehr selten gesichtet werden. Die neueste Beobachtung scheint aus dem Jahre 1984 aus der Gegend von Raciborz in Polen zu stammen.

Kennzeichen

Der Gleitaar ist etwas größer als der Turmfalke. Aufgrund der langen und spitzen Flügel ist sein Flugbild falkenähnlich (Abb. 19). Sehr auffällig ist die Färbung seines Federkleides aufgrund der hellgraublauen Oberseite, der weißen Unterseite, der schwarzen Flügelspitzen und oberen Flügeldecken. Dazu kommt noch die orangerote Farbe seiner Iris (Abb. 20).

Maße

Bei einer Flügelspannweite von 80 bis 90 Zentimetern beträgt das Körpergewicht etwa 250 Gramm.

Abb. 19: Flugbild des Gleitaars

Verbreitung

Er ist seltener Brutvogel in Südportugal.

Lebensraum

In Afrika und Asien bewohnt er vor allem Steppen- und Halbwüstenlandschaften, in Portugal auch Kulturland mit lockerem Baumbestand.

Fortpflanzung

Der Horst befindet sich auf wenig hohen, häufig dornigen Bäumen. Das Gelege besteht aus drei bis sechs rundlichen, auf hellem Grund braun oder rot gefleckten Eiern. Die Brutzeit dauert 26 bis 28 Tage, die Nestlingszeit beträgt 30 bis 35 Tage (Abb. 21).

Nahrung

Kleine Säugetiere und bodenbewohnende Kleinvögel jeder Art, Jungvögel, Reptilien – vor allem Eidechsen – und flinke, gelegentlich auch große Insekten, sind seine Beute.

Jagdweise

Er sucht seine Beute im Spähflug, den er mit Rüttel- und Schwebeflug gegen den Wind unterbricht. Er übt auch die Ansitzjagd von exponierten Warten aus.

Abb. 21: Horst des Gleitaars mit Gelege (Pin.)

Abb. 23: Schwarzmilan

4.3

Schwarzmilan

Milvus migrans (Boddaert, 1783)

GB	Black kite	H	Barnakánya
F	Milan noir	YU	Lunja crnkasta
SU	Tschernyj korschun	BG	Tscherna kania
PL	Kania czarna	R	Şorliţă brună
CS	Luňák hnědý	S	Brun glada
		NL	Zwartbruine wouw

SCHWARZ IST ER NICHT, wie es seinem deutschen Namen und auch den Bezeichnungen in verschiedenen anderen europäischen Sprachen entspräche. Eher ist seine Gesamtfärbung schwarzbraun oder dunkelbraun, was im Niederländischen und Schwedischen gut wiedergegeben wird. Im Flug macht er jedoch den Eindruck eines sehr dunklen Vogels. Er ist ein ausdauernder Flieger, der leicht und ohne Anstrengung stundenlang im Spähflug über Gewässern segelt. Dabei hält er nach toten Fischen Ausschau, die zu seiner Lieblingsnahrung gehören. An verendeten Fischen mangelt es aufgrund des schlechten Zustandes vieler Gewässer nicht. Man könnte deshalb vermuten, daß unsere Zeiten wenigstens gute Zeiten für den Milan sind. Das ist aber leider nicht der Fall. Denn sein Zahlenbestand nimmt in Mitteleuropa eher ab. Dies kann durchaus mit der verseuchten Nahrung in Zusammenhang gebracht werden. Untersuchungen darüber gibt es jedoch nicht.

Merkmale

Charakteristisch für den Schwarzmilan ist der leicht gegabelte Schwanz (Abb. 22). Männchen und Weibchen haben ein gleichgefärbtes Federkleid. Kopf, Nacken und Hals sind hellgrau mit dunkler Strichelung. Ansonsten ist das Federkleid überwiegend dunkelbraun und dunkel gestrichelt. Die Handschwingen sind schwarz, aber ihre inneren Fähnchen sind bis zur Hälfte grau sowie mit dunklen Querbändern versehen. Iris, Wachshaut des Schnabels und Fänge sind gelb. Jungvögel sind ähnlich gefärbt, lediglich ihr Kopf ist dunkler (Abb. 23).

Abb. 22: Flugbild des Schwarzmilans

Maße

Die Spannweite der Flügel beträgt 140 bis 160 Zentimeter, das Körpergewicht 800 bis 1.000 Gramm.

Verbreitung

Mit Ausnahme von Großbritannien und Skandinavien ist er in ganz Europa Brutvogel. Die europäische Brutpopulation wird auf etwa 40.000 Paare geschätzt. Das gesamte Verbreitungsgebiet erstreckt sich zudem noch auf große Gebiete Asiens. Der Schwarzmilan ist der zahlenmäßig häufigste Greifvogel der Welt.

Wanderungen

Er ist Zugvogel und überwintert in Afrika, meistens südlich der Sahara. Aus dem Winterquartier kehrt er in der zweiten Märzhälfte zurück, gen Süden fliegt er im August.

Lebensraum

Dieser Greifvogel brütet in großen Wäldern, gewöhnlich in der Nähe von Gewässern, wo er mit Vorliebe nach Nahrung sucht. Es gibt aber auch Brutplätze weit ab vom Wasser, bei denen dann die Flugstrecke zu den Hauptnahrungsgründen bis zu 20 Kilometer betragen kann.
Er jagt in lichten Wäldern, in Feuchtgebieten, auf Wiesen und Feldern. Der Schwarzmilan durchstreift ein recht großes Gebiet, in dem er je nach den Umständen hier oder da seine Nahrung findet.

Fortpflanzung

Er brütet meistens erst im dritten Lebensjahr. Der Horst wird auf hohen Bäumen angelegt. Er besetzt auch die Nester anderer Vögel, etwa des Fischreihers und des Kormorans. Die Horstmulde ist mit Lumpen, Papier, Schafswolle, Plastikfetzen und ähnlichem Material ausgelegt. Im Horst sind häufig Fischreste zu finden. Das Gelege besteht aus zwei bis drei, Ende April gelegten Eiern, die in 30 bis 32 Tagen ausgebrütet werden. Die Jungen verlassen den Horst nach ca. 45 Tagen, werden aber noch weitere 30 bis 40 Tage von den Eltern geführt (Abb. 24).

Nahrung

Mit Vorliebe frißt er tote Fische, ebenso andere verendete Tiere. Außerdem sind Kleinnager, Maulwürfe und Jungvögel, vereinzelt auch Junghasen, Beute des Schwarzmilans. Er verzehrt auch Regenwürmer, Schnecken und Küchenabfälle. Der Schwarzmilan nimmt zudem anderen Greifvögeln die Beute weg.

Jagdweise

Meistens fliegt er ausdauernde Spähflüge in 30 bis 40 Metern Höhe. Wirbellose Tiere sucht er zu Fuß.

Abb. 24: Horst des Schwarzmilans mit Gelege (Pin.)

Abb. 25: Rotmilan

4.4

Rotmilan

Milvus milvus (Linnaeus, 1758)

GB –	Red kite	YU –	Lunja crvenkasta
F –	Milan royal	BG –	Tscherwena kania
SU –	Krasnyj korschun	R –	Şorliţă
PL –	Kania ruda	S –	Vanlig glada
CS –	Luňák červený	NL –	Rode wouw
H –	Vörös kánya		

Abb. 26: Flugbild des Rotmilans

Er ist ein sehr geschickter und ausdauernder Segelflieger, der die geringsten aufsteigenden Thermikströme und die schwächsten Winde gut ausnutzt, um ohne Kraftverbrauch mit viel Eleganz in den Lüften zu schweben. Behilflich sind ihm dabei die langen, aus etwas weichen, aber sehr elastischen Schwungfedern gebildeten Flügel, sowie der lange, stark gegabelte Schwanz. Der Rotmilan ist kein besonders gefährlicher Beutegreifer, worauf auch die im Verhältnis zur Körpergröße kleinen und schwachen Fänge hinweisen. Die belebte Gefiederfärbung, das schöne Flugbild und der wohlklingende, laute Ruf sorgen dafür, daß dieser Vogel ein echtes Schmuckstück unserer Vogelwelt ist.

Kennzeichen

Charakteristisch für ihn ist der gegabelte, fuchsrote Schwanz sowie die rostrote Tönung des Gefieders. Beide Geschlechter sind gleichgefärbt. Kopf und Hals sind hellgrau, der Rükken rostbraun, wobei die einzelnen Federn in der Mitte dunkel und an den Rändern heller sind. Die Handschwingen sind schwarz, ihre inneren Fähnchen bis zur Hälfte weiß (Abb. 25). Dies zusammen wirkt mit den unterseits sehr hellen Armschwingen bei entfalteten Flügeln wie große weiße Flecken (Abb. 26). Die Unterseite des Körpers ist rostrot, wobei sich dunkle Flämmchen auf jeder Feder befinden. Iris, Wachshaut und Fänge sind gelb. Die Jungvögel sind insgesamt etwas dunkler.

Maße

Die Flügelspannweite beträgt 150 bis 160 Zentimeter, das Körpergewicht der Männchen bis 1.000 Gramm, das der Weibchen etwas über 1.000 Gramm.

Verbreitung

Der Rotmilan ist eine beinahe ausschließlich europäische Vogelart, die vor allem im mittleren Teil des Kontinents und im Süden vorkommt. Aber auch in Deutschland gibt es Gebiete mit hoher Siedlungsdichte. Der Gesamtbestand wird auf ca. 15.000 Paare eingeschätzt.

Wanderungen

Er zieht im September und Oktober aus den Brutgebieten weg, überwintert im Mittelmeerraum und kehrt von dort im März wieder zurück.

Lebensraum

Der Rotmilan kommt sowohl im Flachland als auch in den Bergen vor. Er brütet in Wäldern, zeigt aber Vorliebe für eine abwechslungsreiche Landschaft mit Waldkomplexen, Feldern und Gewässern.

Fortpflanzung

Die Geschlechtsreife erreicht er im Alter von zwei bis drei Jahren. Schon im März finden seine Balzflüge statt, öfter in großen Höhen. Den Horst baut er auf hohen Bäumen, wobei er manchmal alte Bussard- oder Kolkrabenhorste als Unterlage benutzt. Ähnlich wie beim Schwarzmilan wird die Horstmulde mit Lumpen, Papier, Plastikfolie usw. ausgekleidet. Beim Rotmilan findet man im Horst jedoch keine Fischreste. Die Eier legt er im April. Das Gelege besteht aus zwei oder drei, seltener vier Eiern, die in 30 bis 32 Tagen ausgebrütet werden. Die Jungen verlassen den Horst nach etwa 50 Tagen (Abb. 27).

Nahrung

Sie ist ziemlich vielfältig. Abhängig von den örtlichen Verhältnissen, erbeutet dieser Greif vorrangig Kleinsäuger oder Kleinvögel, meistens Jungvögel, seltener auch größere Vögel und Junghasen. Auch tote Tiere verachtet der Rotmilan nicht, insbesondere auf den Autostraßen überfahrene. Gelegentlich fängt er auch Frösche, Reptilien und Wirbellose. Gerne belästigt er andere Greifvögel solange, bis sie sich ihre Beute abnehmen lassen.

Jagdweise

Das Jagdgebiet ist manchmal etliche Kilometer vom Horst entfernt. Der Rotmilan jagt im Spähflug in 30 bis 60 Metern Höhe. Trotz des wenig dynamischen Fluges ist der Milan in der Lage, im jähen Sturzflug auch Möwen, Häher und Krähen zu verfolgen und zu erbeuten. Manchmal jagt er auch zu Fuß.

Abb. 27: Horst des Rotmilans mit Jungem und Altvogel (Kr.)

Abb. 30: Seeadler – Altvogel

4.5

Seeadler

Haliaeëtus albicilla (Linnaeus, 1758)

GB –	White-tailed eagle	H –	Rétisas
F –	Pygarque á queue blanche	YU –	Orao stekavac
		BG –	Morska orel
SU –	Orlan bielochwost	R –	Codalb
PL –	Bielik	S –	Havsörn
CS –	Orel mořský	NL –	Zeearend

DIESER MÄCHTIGE GREIFVOGEL ist einer der stattlichsten Vertreter der europäischen Avifauna. Früher war er in vielen Teilen Europas heimisch, heute ist er hier sehr selten geworden. Wo er noch als Brutvogel anwesend ist, genießt er speziellen Schutz.In den Horstrevieren dürfen zur Brutzeit keine forstlichen Arbeiten durchgeführt werden, der Baumbestand um den Horst herum wird gänzlich vor Säge und Axt bewahrt. Auch Ausflügler und zu neugierige „Vogelfreunde" versucht man vom Horst fernzuhalten. In der Praxis ist es für diejenigen, die den Seeadler schützen wollen, nicht immer ganz leicht, dies auch zu erreichen. Denn leider gibt es immer wieder uneinsichtige Forstleute oder „Vogelfreunde". Doch sind dies glücklicherweise Einzelfälle.

Kennzeichen

Es ist ein großer und schwerer Vogel mit langen und sehr breiten Flügeln. Typisch für sein Flugbild sind die stark gespreizten Handschwingen. Der Flügelschlag ist langsam und etwas schwer. Im Segelflug sind die Flügel brettartig im rechten Winkel zum Körper gestellt (Abb. 28). Kennzeichnend ist auch der ziemlich weit hervorragende Kopf mit dem klobigen Schnabel sowie der keilförmige Stoß. Bei über fünf Jahre alten Vögeln ist er schneeweiß, bei jüngeren Exem-

Abb. 28: Flubbild des Seeadlers – Altvogel

Abb. 29: Flugbild des Seeadlers – Jungvogel

plaren schmutzigbraun. Ansonsten ist das Gefieder dunkelbraun, auf dem Rücken etwas heller (Abb. 29, 30, 31).
Mit zunehmenden Alter wird die Gesamtfärbung immer heller. Der Schnabel des Seeadlers ist anfangs gelb, im zunehmendem Alter schließlich elfenbeinfarbig. Die Wachshaut des Schnabels ist gelb, die Iris bei den Jungvögeln braun; sie wird von Jahr zu Jahr heller. Die gelben Fänge sind bis zur Hälfte unbefiedert, wodurch der Seeadler gut von den echten Adlern zu unterscheiden ist, deren Fänge bis zu den Zehen befiedert sind.

Maße

Das Männchen ist kleiner als das Weibchen. Die Spannweite seiner Flügel beträgt ca. 220 Zentimeter, die des Weibchens bis 240 Zentimeter. Entsprechend wiegt dann auch das Männchen 3.500 bis 4.500, das Weibchen 4.000 bis 6.000 Gramm.

Verbreitung

Die Gesamtpopulation der Welt wird auf ca. 1.400 Paare geschätzt, von denen etwa 350 in Norwegen, ungefähr ebensoviel in den Ostseeländern und 200 bis 250 im Wolga-Delta brüten.

Wanderungen

Die alten Vögel sind standorttreu. Jungvögel entfernen sich manchmal recht weit von dem Ort, an dem sie aufgezogen worden sind. Daher sind die außerhalb der Brutgebiete gesichteten Seeadler in der Regel junge, noch nicht fortpflanzungsfähige Vögel.

Lebensraum

Seeadler kommen vor allem in der Nähe von Gewässern – Seen, Teichen, Flüssen und dem Meer – vor.
Sie brüten in größeren Waldkomplexen mit reichem Altholzbestand.

Abb. 32: Horst des Seeadlers mit Gelege (Wa.)

Fortpflanzung

Erst im Alter von fünf Jahren erreicht der Seeadler die Geschlechtsreife. Es kommt vor, daß auch jüngere Exemplare balzen und am Horstbau beteiligt sind. Junge bringt ein solches Paar aber noch nicht zur Welt. Der Horst ist manchmal etliche Kilometer von den Jagdgründen entfernt. Angelegt wird er in Altholzbeständen großer Waldkomplexe, häufig jedoch in der Nähe des Waldrandes oder größerer offener Flächen. Mit Vorliebe baut ihn der Seeadler auf Kiefern oder Buchen. Alte, vieljährige Horste haben einen Durchmesser von bis zu zwei Metern und eine Höhe von einem Meter und mehr. Jedes Paar besitzt in der Regel einige Ausweichhorste, die je nach Notwendigkeit von Jahr zu Jahr abwechselnd benutzt werden können. Das Gelege besteht gewöhnlich aus zwei, selten einem, drei oder vier Eiern. Die Brutzeit beginnt im März und dauert etwa 40 Tage. Nach 70 Tagen verlassen die Jungen den Horst (Abb. 32).

Nahrung

Ein großer Teil der Nahrung sind Fische, vorwiegend größere Brassen, Karpfen und Hechte. Seeadler erbeuten aber auch viele Vögel, vor allem Wasservögel. Säuger, größer als Kaninchen, sind nur selten ihre Beute. Im Winter stehen vorrangig Vögel auf dem Speisezettel, auch Aas wird dann von den Seeadlern nicht verachtet.

Jagdweise

Seeadler sitzen auf erhöhter Warte an und lauern dort auf Beute, die dann in jähem Angriffsflug gefangen wird. Oder aber sie fliegen Spähflüge in unterschiedlichen Höhen. Fische können sie nur in ruhigem Wasser fangen, wenn sie dicht unter der Wasseroberfläche schwimmen und gut zu sehen sind. Der Seeadler nähert sich dann der erspähten Beute im Tiefflug und versucht sie mittels seiner vorgeschnellten Fänge zu fassen. Ins Wasser taucht er nur selten. Vögel und Säuger werden meistens im Überraschungsangriff erbeutet, gewöhnlich auf dem Wasser oder Boden, nur selten in der Luft. Bringt der Überraschungsmoment keinen Erfolg, dann versucht der Adler den verfolgten Vogel, z. B. Blesshühner, zu ermüden, indem er ihn solange zum Wegtauchen zwingt, bis er erschöpft ist und dann leicht zur Beute wird. Eine solche Jagd kann manchmal bis zu einer Stunde dauern. Seeadlerpaare jagen gerne gemeinsam, d. h. einer treibt das Wild dem anderen zu, der es erbeutet. Oder sie greifen solange abwechselnd an, bis sie schließlich Erfolg haben.

Abb. 31: Seeadler – Jungvogel

Abb. 34: Schmutzgeier

4.6

Schmutzgeier

Neophron percnopterus (Linnaeus, 1758)

GB – Egyptian vulture	H – Dögkeselyü
F – Percnoptére d' Egypte	YU – Crkavica bijela
SU – Stierwjatnik	BG – Egipetcki leschojad
PL – Ścierwnik	R – Hoitar
CS – Sup mrchožrarý	S – Smutsgam
	NL – Aasgier

IN MANCHEN EUROPÄISCHEN SPRACHEN wird er Ägyptischer Geier genannt, wohl daher, weil er in Nordafrika, nämlich von Marokko bis Ägypten, sehr verbreitet ist. In den meisten Sprachen hebt jedoch der Artenname die Vorliebe dieses Geiers für Aas, Exkremente und anderen sogenannten Schmutz als Nahrung hervor. Irgendwie paßt der Name aber nur schlecht zur weißen Farbe des Gefieders, die im Flug schön mit den schwarzbraunen Schwingen kontrastiert.

Abb. 33: Flugbild des Schmutzgeiers

Kennzeichen

Er ist der kleinste der in Europa vorkommenden Geier. Im Flug hat er etwa die Größe eines Rotmilans. Sein Flugbild ist jedoch das eines Geiers, d. h. man sieht lange und breite, etwas brettartig ausgespannte Flügel, den kleinen Kopf und den Keilschwanz (Abb. 33). Das Federkleid ist, wie schon gesagt, insgesamt weißlich, allerdings mit gelblichem bis rostfarbenem Anflug, insbesondere an Nacken und Kehle. Die Spitzen der Handschwingen sind schwarzbraun, dunkelbraun sind die Armschwingen. Der Gesichtsteil des Kopfes ist nackt (Abb. 34). Jungvögel sind viel dunkler gefärbt, werden aber von Jahr zu Jahr heller und sind im fünften Lebensjahr ausgefärbt.

Maße

Die Flügelspannweite beträgt 160 bis 170 Zentimeter, das Körpergewicht 2,0 bis 2,5 Kilogramm.

Verbreitung

In Europa ist sein Brutgebiet auf die Iberische Halbinsel, Südfrankreich, Süditalien und den südlichen Teil des Balkans beschränkt. Am häufigsten kommt er in Spanien vor, wo es ca. 2.000 Paare gibt.

Wanderungen

Er überwintert in Afrika, südlich der Sahara und auf der Arabischen Halbinsel. Irrgäste erscheinen ganz selten auch in Mitteleuropa.

Lebensraum

Vornehmlich brütet er in schwer zugänglichen felsigen Berglandschaften, wo es aber offene Abhänge und Täler gibt sowie oft auch Wasserläufe. Der Schmutzgeier besiedelt jedoch auch steppen- und wüstenartige Gebiete, wie er überhaupt die offene Landschaft und menschliche Ansiedlungen zwecks Nahrungssuche bevorzugt.

Fortpflanzung

Der Horst wird in flachen Felsenlöchern und überdachten Felsgesimsen angelegt. Das Gelege besteht aus ein bis drei Eiern. Die Brutzeit dauert etwa 42 Tage, die Nestlingszeit beträgt 70 bis 90 Tage (Abb. 35).

Nahrung

Er frißt kleinere Tierkadaver, ferner Abfall, Kot von Tier und Mensch, auch Insekten, die seine einzige lebende Beute sind.

Nahrungserwerb

In ausdauerndem Flug sucht er in nicht sehr großen Höhen den Boden nach Nahrung ab.

Abb. 35: Horst des Schmutzgeiers mit Gelege (Li.)

Abb. 37: Gänsegeier

4.7

Gänsegeier

Gyps fulvus (Hablizl, 1783)

GB – Griffon vulture	YU – Sup bjeloglavi
F – Vautour fauve	BG – Bieloglaw leschojad
SU – Bielogolowyj sip	R – Vultur sur
PL – Sęp płowy	S – Gäsgam
CS – Sup bělohlavý	NL – Vale gier
H – Fakó keselyü	

Im 19. Jahrhundert kam dieser Geier noch in vielen Gebieten des südlichen und südöstlichen Europas vor. Später teilte er leider das Schicksal einiger anderer europäischer Greifvogelarten. Durch die Fortschritte in der Viehbewirtschaftung verringerten sich die Verluste unter den Haustieren. Aus hygienischen Gründen wurden eventuell anfallende Kadaver beseitigt, wodurch den Geiern die Nahrungsgrundlage entzogen worden ist. Auch wurden sie rücksichtslos abgeschossen. Großräumig sind Strychninköder zwecks Bekämpfung der Wölfe ausgelegt worden, wobei auch viele Geier dem Gift zum Opfer fielen. Es ist symptomatisch, daß alle älteren Angaben über das Vorkommen von Gänsegeiern in Mitteleuropa ausschließlich getötete Exemplare als Materialbasis haben. Seinen deutschen Namen hat der Gänsegeier von dem etwas gänseartig aussehenden, hellen Kopf bzw. Hals.

Abb. 36: Flugbild des Gänsegeiers

Kennzeichen

Für das Flugbild sind die langen und sehr breiten Flügel mit weit gefingerten Handschwingen und leicht angewinkelter Vorderkante charakteristisch. Der Schwanz ist eher abgerundet oder aber nur leicht keilförmig, jedenfalls weniger keilförmig als bei anderen Geierarten (Abb. 36). Kopf und Hals sind mit weißlichen oder cremefarbenen Daunen bedeckt. Das Federkleid ist gelblich- bis rötlichbraun und kontrastiert stark mit den schwarzbraunen Schwingen und Steuerfedern. Auffällig ist die gelblich-weiße, flaumige Halskrause (Abb. 37). Jungvögel sind insgesamt etwas dunkler gefärbt.

Maße

Die Flügelspannweite beträgt 240 bis 270 Zentimeter, das Körpergewicht 6,0 bis 8,5 Kilogramm.

Verbreitung

Am häufigsten ist er in Spanien (etwa 3.000 Paare), wobei sich das Brutareal mit etwa 80 Paaren auch in den französischen Teil der Pyrenäen hinzieht. Auf dem Balkan kommt er als Brutvogel nur noch in Jugoslawien (200 Paare) und Griechenland (450 Paare) vor. Wenige Paare gibt es zudem auf Sardinien, der Halbinsel Krim und im nördlichen Kaukasus.

Wanderungen

Die Altvögel sind vorwiegend ansässig. Jungvögel streichen im gesamten Brutareal umher oder ziehen etwas nach Süden. Die in Mitteleuropa gesichteten Vögel sind meistens noch nicht geschlechtsreife Exemplare.

Lebenraum

Er kommt vor allem in schluchtenreichen, von Hochplateaus und offenen Ebenen durchsetzten Gebirgen vor. Er brütet in Höhen von bis zu 2.700 Metern.

Fortpflanzung

Der Gänsegeier ist ausgesprochener Koloniebrüter. Er legt seinen Horst auf hohen, unzugänglichen Felsen in Höhlen, Nischen oder auf Simsen an. Die Brutzeit beginnt schon im Januar. In der Regel wird nur ein Ei gelegt. Zweiergelege sind die Ausnahme. Die Brutzeit beträgt ca. 50 Tage, nach über 100 Tagen verlassen die Jungen den Horst (Abb. 38).

Nahrung

Er lebt ausschließlich von Kadavern mittelgroßer und großer Säugetiere, wie auch von Vogel- und Fischkadavern.

Nahrungserwerb

Typisch ist hier folgende Strategie: Die Vögel einer Kolonie oder Schlafplatzgemeinschaft starten gemeinsam zur Nahrungssuche, verteilen sich dann aber auf das gesamte Fluggebiet, um es abzusuchen. Dabei lassen sie allerdings die anderen Geier nicht aus den Augen. Genau beobachtet werden auch andere Aasfresser, die zu einer Nahrungsquelle hinführen könnten. Wird einer der Geier fündig, dann stürzt er mit angewinkelten Flügeln im steilen Gleit- oder Spiralenflug zum entdeckten Kadaver hinunter. Für die anderen Geier ist das ein Signal, sich ebenfalls dort einzufinden, um an der Mahlzeit teilzunehmen.

Abb. 38: Horst des Gänsegeiers mit Altvogel und Jungem (Li.)

Abb. 40: Mönchsgeier

4.8

Mönchsgeier

Aegypius monachus (Linnaeus, 1758)

GB – Black vulture	YU – Sup stariješina
F – Vautour moine	BG – Tscheren leschojad
SU – Tschernyj grif	R – Vultur brun
PL – Sęp kasztanowaty	S – Grågam
CS – Sup hnědy	NL – Monniksgier
H – Barátkeselyü	

Der Mönchsgeier ist mit über zehn Kilogramm Gewicht der größte europäische Greifvogel. Die riesigen Flügel ermöglichen es ihm aber trotzdem, ohne einen Flügelschlag, stundenlang zu segeln. Seinen lateinischen und auch deutschen Namen hat er aufgrund der etwas mönchsartigen Gestalt erhalten. Er hat nämlich ein dunkles, loses, ein wenig zu groß scheinendes Federkleid und einen kahlen, wie mit einer Tonsur versehenen Kopf. In anderen europäischen Sprachen wird er schwarzer, dunkler oder kastanienbrauner Geier genannt.

Kennzeichen

Vom Gänsegeier, dem er im Flugbild ähnlich ist, unterscheidet er sich vor allem durch das dunkle Federkleid (Abb. 39). Dunkel gefärbt ist auch die ausgeprägte Halskrause sowie der Flaum am teilweise nackten Kopf und Hals. Handschwingen, Schwanz und Hosen sind fast schwarz. Jungvögel wirken insgesamt noch dunkler (Abb. 40).

Maße

Die Spannweite beträgt 280 bis 300 Zentimeter, das Körpergewicht 7,0 bis 12,0 Kilogramm.

Abb. 39: Flugbild des Mönchsgeiers

Verbreitung

Der Mönchsgeier kommt gegenwärtig nur noch in Spanien (ca. 200 Paare), Griechenland, Bulgarien und auf der Krim (je einige Paare) vor. Relativ stark ist der Bestand im Kaukasus (200 bis 300 Paare). Ein Teil davon befindet sich auch auf der europäischen Seite dieses Gebirges.

Wanderungen

Die Altvögel sind vorwiegend ortsbeständig. Die Jungvögel streichen in der weiteren Umgebung umher. Früher, als die europäische Brutpopulation dieses Geiers noch zahlreicher war, zeigten sich häufiger einzelne Exemplare in Mitteleuropa. Daher sind die meisten Nachweise hierfür auch älteren Datums.

Lebensraum

Er ist weit weniger als der Gänsegeier an die Felsengebirge gebunden. Er kommt heute in abgelegenen Waldgebirgslandschaften Europas vor. Entscheidend ist dabei die Nahrungsbasis, nämlich hohe Schalenwildbestände und große Viehherden.

Fortpflanzung

Die Geschlechtsreife erreicht er erst im Alter von fünf bis sechs Jahren. Zu Beginn der Brutzeit vollführen Schmutzgeier Balzflüge, bei denen sich die Partner in der Luft mit den Flügeln berühren und – mit den Fängen gegenseitig verhakt – heruntertrudeln, um sich noch über dem Boden wieder voneinander zu lösen. Im Unterschied zum Gänsegeier brütet er nicht in Kolonien, sondern einzeln.
Der Horst wird auf Bäumen angelegt, ausnahmsweise auch auf Felsen. Das Gelege besteht nur aus einem Ei. Die Brutdauer beträgt 50 bis 55 Tage, die Nestlingszeit etwa 120 Tage (Abb. 41).

Nahrung

Er lebt beinahe ausschließlich von toten Tieren, wobei er das Aas mittelgroßer und kleinerer Tiere vorzieht. Gelegentlich schlägt er auch kranke oder anderweitig geschwächte Tiere.

Nahrungserwerb

Typisch für den Mönchsgeier ist der Suchflug in nicht sehr großer Höhe. Lebende Tiere erbeutet er auch vom Ansitz aus.

Abb. 41: Horst des Mönchsgeiers mit Gelege (Mey.)

Abb. 43: Bartgeier

4.9

Bartgeier

Gypaëtus barbatus (Linnaeus, 1758)

GB – Bearded vulture	YU – Kostoberina žutoglave
F – Gypaéte barby	BG – Bradat leschojad
SU – Borodatsch	R – Zăgan
PL – Orłosęp brodaty	S – Lammgam
CS – Orlosup bradaty	NL – Lammergier
H – Saskeselyü	

DER ZWEITE DEUTSCHE NAME dieses Vogels – Lämmergeier –, der auch in einigen anderen europäischen Sprachen existiert, ist eine schlimme und gefährliche Verleumdung. Weil er sich auf den Bergweiden gewöhnlich an den Nachgeburten von Schafen gütlich tut, hat man ihn fälschlicherweise zum „bösen Lämmerräuber" gestempelt. Aufgrund von Abschuß und anderen Verfolgungsmaßnahmen ist sein Bestand seinerzeit stark reduziert worden. Ähnlich wie beim Gänsegeier sind seine Verbreitungschancen in Europa sehr beschränkt, weil seine wichtigste Nahrungsquelle, nämlich eingegangenes Weidevieh, versiegt ist. Heute versucht man ihn trotz dieser Schwierigkeit mit Hilfe von Auswilderungsverfahren wieder in den Alpen anzusiedeln. Die ausgewilderten Exemplare entstammen im übrigen aus der Gefangenschaftszucht.

Kennzeichen

Im Flug sind die langen, aber für einen Geier recht schmalen Flügel sowie der lange, keilförmige Schwanz gut erkennbar (Abb. 42). Im Unterschied zu anderen Geiern hat er einen voll befiederten, hellen Kopf, der durch ein schwarzes Feld zwischen Schnabelwurzel und

Abb. 42: Flugbild des Bartgeiers

Auge wie auch durch ein schmales Federbärtchen beiderseits des Unterschnabels gekennzeichnet ist. Die Oberseite des Körpers ist schiefergrau bis schwarz, die Unterseite an Hals und Brust rostgelb, noch tiefer ist sie dann weißlich mit rostrotem Anhauch. Jungvögel sind dunkelbraun (Abb. 43).

Maße

Die Flügelspannweite beträgt 250 Zentimeter, das Körpergewicht 5,0 bis 7,0 Kilogramm.

Verbreitung

Der Bartgeier ist in Europa ein sehr seltener Brutvogel, der lediglich in den Pyrenäen mit etwa 40 Paaren, einigen Paaren im spanischen Andalusien, einigen auf Korsika und ebenfalls nur wenigen auf Kreta und dem griechischen Festland wie auch im Süden der Sowjetunion vorkommt.

Wanderungen

Er ist Standvogel und bleibt das ganze Jahr über im Brutrevier. Die Jungen sind Strichvögel und ziehen im ganzen Gebirgsraum umher.

Lebensraum

Der Bartgeier lebt in schluchten- und tälerreichen Hochgebirgen. Die Brutplätze liegen meist über 1.000 Meter Höhe.

Fortpflanzung

Der Horst wird in unzugänglichen Felswänden auf Simsen und Vorsprüngen oder in kleinen Höhlen und Vertiefungen angelegt. Das Gelege besteht aus ein bis zwei Eiern, die schon im Januar gelegt werden (Abb. 44). Die Brutdauer beträgt 55 bis 60 Tage, die Nestlingszeit währt 100 bis 110 Tage.

Nahrung

Er zieht Fleisch von frischen Kadavern vor, verzehrt aber auch größere Knochen. Wenn der Hauptanteil der Nahrung auch aus verendet aufgefundenen Tieren besteht, so werden doch gelegentlich lebende, vor allem kranke und geschwächte Tiere erbeutet.

Nahrungserwerb

Die Nahrung wird im Suchflug gefunden. Oft fliegt das Paar zusammen zur Nahrungssuche. Hat der gefundene Kadaver Knochen, die zu groß sind, um verschluckt zu werden, dann werden diese in die Luft getragen und aus 50 bis 60 Meter Höhe auf einen Felsen fallengelassen. Auf diesem zersplittern sie dann. Als Beute geeignete, lebende Tiere werden manchmal mit Hilfe von Flügelschlägen dazu gebracht, daß sie abstürzen und so getötet werden.

Abb. 44: Horst des Bartgeiers mit Gelege (Volierenaufnahme) (Li.)

Abb. 46: Schlangenadler

4.10

Schlangenadler

Circaëtus gallicus (Gmelin, 1786)

GB	– Short-tood eagle	H	– Kigyászölyv
F	– Circaéte Jean-le-Blanc	YU	– Orao zmijar
		BG	– Oriel zmijad
SU	– Zmiejejad	R	– Şerpar
PL	– Gadożer	S	– Ormörn
CS	– Orel kratkoprstý	NL	– Slangenarend

In einigen europäischen Sprachen wird er Adler genannt, wenngleich er mit den eigentlichen Adlern nicht viel Gemeinsames hat. Äußerlich ist er eher einem großen Bussard ähnlich, gehört aber als einziger europäischer Vertreter zu einer ganz anderen Familie. Er ist auf den Fang von Schlangen spezialisiert, darunter auch Giftschlangen. Dies scheint in seinem südosteuropäischen Verbreitungsgebiet besonders oft der Fall zu sein. Deswegen wird er wohl auch in den meisten slavischen Sprachen Otternfresser genannt.

Kennzeichen

Er ist deutlich größer als der Mäusebussard. Im Flug kann man ihn am meistens dunklen Kopf und Hals sowie der dunklen Vorderbrust erkennen. Der weitere Teil seiner Unterseite ist im übrigen hell gefärbt. Die Flügel sind lang und breit, im Flug häufig etwas angewinkelt (Abb. 45). Die Vögel beider Geschlechter sind gleich groß und gleich gefärbt. Auf dem Rücken ist das Federkleid graubraun, die Unterseite ist größtenteils hell. Dunkle Flecken an Brust, Schwungfedern und Flügeldecken bilden deutliche Bänder. Auch der helle Schwanz hat drei bis vier dunkle Querbinden. Es gibt aber sowohl hellere

Abb. 45: Flugbild des Schlangenadlers

als auch dunklere Exemplare. Der unbefiederte Teil der Fuße ist schmutziggrau, die Iris der Augen gelb. Jungvögel sind etwas dunkler und ihre Unterseite ist nicht quergebändert, sondern längsgestrichelt (Abb. 46).

Maße

Die Flügelspannweite beträgt 160 bis 180 Zentimeter, er wiegt bis zu 2,3 Kilogramm.

Verbreitung

Auf der Iberischen Halbinsel und in Südfrankreich kommt er relativ häufig vor (mehrere tausend Brutpaare). Auch in der Sowjetunion soll er nicht selten sein. Auf dem Balkan ist der

Bestand sehr rückläufig (insgesamt nur noch mehrere hundert Paare). Das gleiche gilt auch für Italien (ca. 150 Paare). In Ungarn, der Tschechoslowakei und Polen ist er sehr selten und nur in bestimmten Regionen anwesend.

Wanderungen

Der Schlangenadler ist ein Zugvogel, der in Afrika südlich der Sahara überwintert. Der Hinflug findet im September bis Mitte Oktober statt, die Rückkehr im März bis Mitte April. Irrgäste werden nördlich des Brutareals angetroffen, sogar in Skandinavien.

Lebensraum

Er lebt in großen Waldgebieten, die an offene Landschaften mit Wiesen, Weideland, Heide, Feuchtgebieten und auch Felder grenzen. Hier geht er auf Nahrungssuche. Er kommt sowohl in den Bergen als auch im Flachland vor.

Fortpflanzung

Zum ersten Mal brütet er im dritten bis vierten Lebensjahr. Im Wald legt er seinen Horst in den Kronen von Bäumen aller Arten an, häufig nur in Höhen von ca. zehn Metern. In Felsgebieten stehen die Horste selten direkt in den Felswänden, sondern eher auf verkrüppelten Bäumen oder in Büschen. Der Horst ist nicht besonders stabil, seine Mulde wird mit grünen Zweigen ausgelegt. Im Süden Europas beginnt die Eiablage Anfang April, im Osten einen Monat später. Der Schlangenadler legt nur ein Ei (Abb. 47). Die Brutzeit ist mit 42 bis 45 Tagen für einen Vogel dieser Größe recht lang. Die Jungen verlassen den Horst nach etwa 70 Tagen.

Nahrung

Der Schlangenadler erbeutet vor allem Schlangen, darunter auch größere Exemplare mit bis zu zwei Metern Länge. Weiter gehören Eidechsen, selten Frösche, Kleinsäuger und Jungvögel zu seiner Nahrung. Bei längeren Schlechtwetterperioden, wenn die Bewegungsaktivität der Reptilien nur gering ist, steigt der Anteil anderer Tiere auf seinem „Speisezettel".

Jagdweise

Der Schlangenadler sucht seine Beute im Pirschflug, der mit Schweben und Rütteln durchsetzt ist; er lauert ihr auch vom Ansitz auf erhöhten Warten auf. Ist ein Beutetier erspäht, läßt sich der Schlangenadler fallschirmartig auf es fallen. Aus größeren Höhen stößt er im Sturzflug mit halbgeschlossenen Flügeln herab. Die Reptilien faßt der Schlangenadler mit den kurzen und daher gut den glatten Körper der Beute umfassenden Fängen, danach zerbeißt er den Kopf oder das Genick mit seinem starken Schnabel. Wird eine Giftschlange angegriffen, geht der Greif vorsichtig zu Werke: Er läßt sie durch mehrfache Scheinangriffe ihren Giftvorrat verspritzen und faßt sie erst dann direkt hinter ihrem gefährlichen Kopf.

Abb. 47: Horst des Schlangeadlers mit Gelege (Li.)

Abb. 50: Rohrweihen – links Weibchen, rechts Männchen

4.11

Rohrweihe

Circus aeruginosus (Linnaeus, 1758)

GB –	Marsh harrier	YU –	Eja pijuljača
F –	Busard hatpaye	BG –	Trystikov blatar
SU –	Bolotnyj lunj	R –	Uliu de trestie
PL –	Błotniak stawowy	S –	Brun kärrhök
CS –	Pochop rákosni	NL –	Bruine kiekendief
H –	Barna tétihéja		

Abb. 48: Flugbild der Rohrweihe – altes Weibchen

Die Rohrweihe ist in Europa der größte und häufigste Vertreter der Weihen. Sie hat sich gut an die geänderten Umweltverhältnisse angepaßt. Wenn von Natur aus auch ein Bewohner von Feuchtgebieten, drang sie jedoch auch in die Agrarlandschaft vor und brütet in kleinen, verschilften Wasserlöchern oder sogar in Kornfeldern. Entsprechend hat sich ihre Speisekarte verändert. Im neuen Habitat ernährt sie sich vorwiegend von Kleinsäugern, vermag aber auch wie der Habicht den Bauern die Haushuhnküken hinter der Scheune wegzufangen. Junghasen, junge Rebhühner und Jungfasanen werden ebenfalls ihre Beute. Das darf nicht verschwiegen werden, muß aber durchaus nicht gegen diesen schönen Vogel sprechen. Die Rohrweihe hat es gelernt, in vom Menschen intensiv bewirtschafteten Gebieten zu existieren.

Sie ist wie alle Weihen ein toller Flugakrobat. Während der Balzflüge im Frühjahr führt sie alle mögliche Luftkunststücke vor. Sie kommt wie ein Stein oder auch wie ein fallender Lappen vom hohen Himmel herunter, überschlägt sich dabei mehrfach, dreht ein paar Spiralen, fängt sich über dem Boden, um gleich wieder emporzufliegen und dasselbe in ähnlicher Form zu wiederholen. Dabei läßt sie den freudig klingenden Balzruf ertönen. Alles zusammen ein wahrlich phantastischer Anblick und Ohrenschmaus für jeden Vogelfreund.

Kennzeichen

Die Rohrweihe ist so groß wie ein Mäusebussard, aber viel schlanker und von anderer Gestalt. Im welligen, etwas schaukelnden Pirschflug patroulliert sie in geringer Höhe ihr Jagdrevier. Während des Gleitfluges sind die Flügel leicht V-förmig erhoben (Abb. 48, 49). Das Federkleid des alten Männchens ist sehr bunt und kontrastreich. Kopf, Hals und Brust sind hellbraun oder grau mit Längsstrichelung. Der Rücken und die Deckfedern der Flügel sind braun, die Schwungfedern hellgrau, wobei die Handschwingen schwarze Spitzen haben. Schwanz und Bürzel sind hellgrau, der Bauch ist

Abb. 49: Flugbild der Rohrweihe – altes Männchen

dunkelbraun gefleckt, die Hosen sind kastanienbraun. Iris und Fänge sind gelb. Das Weibchen ist fast einheitlich schokoladenbraun gefärbt. Oberkopf und Nacken sind rostgelb bis weißlich-rahmfarben. Dieselbe Färbung hat auch der Flügelbug. Am Kopf ist eine braune Augenbinde, Jungvögel sind dem Weibchen ähnlich, insgesamt jedoch etwas dunkler (Abb. 50).

Maße

Die Flügelspannweite beträgt 120 bis 140 Zentimeter, das Körpergewicht der Männchen 450 bis 700, das der Weibchen 600 bis 800 Gramm.

Verbreitung

Die Rohrweihe kommt in ganz Europa vor, häufiger im Osten. Von dort aus zieht sich das Brutareal dann weiter durch ganz Asien bis zum Pazifik hin. Die europäische Population kann auf etwa 40.000 Paare geschätzt werden.

Wanderungen

Sie ist ein Zugvogel, der im September und Oktober aus Mitteleuropa in die afrikanischen Überwinterungsgebiete fliegt; teilweise überwintert sie auch im Mittelmeerraum. Im März und April fliegt sie in die Brutgebiete zurück.

Lebensraum

Zu den eigentlichen Brutgebieten gehören ausgedehnte Schilfbestände in den Uferzonen von stehenden und fließenden Gewässern, wobei das Jagdgebiet immer über den Schilfgürtel hinwegreicht und auch andere Biotope einschließlich Kulturland umfaßt. In letzterer Zeit wird die Kulturlandschaft immer häufiger zum ständigen Bruthabitat dieser Vogelart. Gebrütet wird dann auch in kleinen, in die Feldlandschaft eingesprengten Feuchtgebieten mit Röhricht, Weidengebüsch und anderen feuchteliebenden Pflanzen. Immer öfter legen Rohrweihen ihren Horst aber auch in Raps- oder Kornfeldern an. Gleichzeitig ist dann die Feldlandschaft das Hauptjagdgebiet der Rohrweihe.

Fortpflanzung

Rohrweihen werden im zweiten oder dritten Lebensjahr geschlechtsreif. Einjährige Vögel können sich aber auch schon vermehren. Den Horst legen sie wie alle Weihen am Boden an, für gewöhnlich im dichten Röhricht. Als Unterbau benutzen sie dünne Äste, Zweige und alte Schilfhalme. Die Mulde wird aus feineren Pflanzenteilen gestaltet. Zum Bau von Horsten in Kornfeldern verwenden Rohrweihen ortsbedingt vor allem Strohhalme. Aus Beobachtungen in Westpolen geht hervor, daß sie Roggenschläge bevorzugen, vielleicht deshalb, weil sie am meisten an Schilfflächen erinnern. Das Gelege besteht aus drei bis sechs (selten auch sieben) Eiern, die im Abstand von zwei bis drei Tagen gelegt werden. Frisch gelegte Eier sind weiß mit grünlichem oder bläulichem Schimmer. Nach ein paar Bruttagen werden sie jedoch schmutziggrau. Bebrütet wird das Gelege vom ersten oder zweiten Ei ab. Die Brutzeit dauert 31 bis 34 Tage. Die Jungen schlüpfen in Abständen von ein bis zwei Tagen, so daß im Nest immer ältere und jüngere Vögel sind, wobei die schwächsten häufig eingehen (Abb. 51). Im Horst verbleiben die Jungen 30 bis 40 Tage, werden dann aber noch weitere 15 bis 25 Tage von den Eltern geführt. Während der ganzen Brutzeit und auch in den ersten Wochen der Jungenaufzucht schafft ausschließlich das Männchen die Atzung heran. Dem Weibchen obliegt die Bebrütung des Geleges und die Pfle-

Abb. 51: Horst der Rohrweihe mit Jungen (Li.)

ge der Jungen. U. a. schützt sie den Horst vor anderen Tieren. Wird sie in der ersten Brutphase öfter vom Menschen gestört, verläßt sie das Nest und kehrt nicht mehr zurück.

Nahrung

Die Nahrung ist recht vielseitig. Die Weihe erbeutet Kleinsäuger, aber auch Wildkaninchen und Junghasen. Außerdem fängt sie Vögel verschiedener Größe, wobei es sich dabei vorrangig um junge, kaum flügge und unerfahrene Tiere handelt. An Gewässern sind das meistens Blesshühner und andere Rallen wie auch Wildenten. Gelegentlich raubt die Rohrweihe Eier aus deren Nestern und verzehrt sie.

Jagdweise

Die Rohrweihe greift ihre Beute meistens am Boden, nur selten auf der Wasseroberfläche. Gewöhnlich geschieht dies aus dem Pirschflug heraus. Häufig nutzt sie dabei den Überraschungsmoment. Die langen und mit kräftigen Fängen ausgerüsteten Füße ermöglichen ihr es, Beutetiere auch zwischen dichten Wasserpflanzen und im Gestrüpp, im hohen Gras und im Korn zu fangen. Die Jagdreviere sind manchmal etliche Kilometer vom Horstplatz entfernt.

Abb. 52: Kornweihe – Männchen

4.12

Kornweihe

Circus cynaneus (Linnaeus, 1758)

GB	–	Hen harrier	YU	–	Eja strnjarica
F	–	Busard Saint-Martin	BG	–	Polski blatar
SU	–	Poliewoj lunj	R	–	Uliu vânet
PL	–	Błotniak zbożowy	S	–	Blä kärrhök
CS	–	Pilich šedy	NL	–	Blauwe kiekendief
H	–	Kékes rétihéja			

Das Männchen der Kornweihe ist ein wunderschön gefärbter Vogel, der besonders bei dem für alle Weihen so typischen Schaukelflug ein Bild voller Eleganz und Anmut bietet. Mit Recht wird dieser Vogel in manchen europäischen Staaten die blaue Weihe genannt. Weniger klar ist die Herkunft seines deutschen, polnischen, russischen und bulgarischen Namens, denn zum Vogel der Feldlandschaft ist er erst im nachhinein geworden, übrigens ganz ähnlich wie die Rohrweihe. In allen älteren Beschreibungen wird als Lebensraum dieser Weihe ausgedehntes Feucht-, Heide- und Steppengebiet angegeben. Ob man bei der Namensgebung damals schon vorausgesehen hat, daß die Kornweihe wirklich mal an Kornfelder gebunden sein wird?

Abb. 53: Flugbild der Kornweihe – altes Männchen

Abb. 54: Flugbild der Kornweihe – altes Weibchen

Nach polnischen Beobachtungen legt sie ihren Horst mit Vorliebe in Weizenfeldern an, und zwar dort, wo Halme umgekippt sind. Dies ist anscheinend ein besonders geeigneter Ersatz für ihre primären Brutbiotope. Ansich ist das eine erfreuliche Anpassung, die sich gewiß positiv auf den Bestand auswirken würde – wenn nicht die vielen Wildschweine wären, die im Sommer in die Feldfluren wechseln. Sauen suchen Weizenschläge wegen des schmackhaften Weizenkorns in der Milchreife besonders gern auf. Dabei finden die Sauen dann die Nester der Kornweihe sowie natürlich auch anderer Vögel und verzehren die Gelege.

Kennzeichen

Anhand des Federkleides lassen sich die Geschlechter unterscheiden. Die dominierende Färbung des Männchens ist aschgrau mit blauem Anflug. Brust und Bauch sind weißlich, die Handschwingen schwarz (Abb. 52, 55). Das Weibchen ist auf der Oberseite dunkelbraun, auf der Unterseite gelblichbraun mit dunkleren Flecken. Die Steuerfedern sind braun und haben eine hellere Querbänderung. Bei beiden Geschlechtern ist der Bürzel weiß. Die Jungvögel sind dem Weibchen ähnlich, aber generell dunkler. Für das Flugbild der Kornweihe sind die hoch angehobenen Flügel charakteristisch (Abb. 53, 54).

Maße

Die Flügelspannweite beträgt 105 bis 125 Zentimeter, das Körpergewicht der Männchen 300 bis 400, das der Weibchen 400 bis 600 Gramm.

Verbreitung

Die Kornweihe brütet in beinahe ganz Europa, am häufigsten in Skandinavien (bis zu 5.000 Paare) und in Frankreich (über 3.000 Paare), sowie in Spanien (500 Paare). Auch in Großbritannien gibt es einige hundert Brutpaare. In anderen Ländern ist sie jedoch seltener.

Wanderungen

Die nord-, west- und mitteleuropäischen Populationen ziehen generell vor dem Winter in den Mittelmeerraum. Einzelne Vögel überwintern jedoch auch weiter nördlich. Die Südeuropäer sind Standvögel oder streichen im Land herum.

Lebensraum

Sie brütet in verwachsenem Wiesengelände, in Feuchtgebieten, auf trockenen Heide- und Aufforstungsflächen wie auch in Kornfeldern. Sie kommt also in sehr vielen Biotopen zurecht.

Abb. 55: Kornweihe – Weibchen

Abb. 56: Horst der Kornweihe mit Jungen und Weibchen (Kl.)

Fortpflanzung

Die Kornweihe beginnt im Alter von zwei bis drei Jahren zu brüten. Nur selten vermehren sich auch einjährige Vögel. Bei der Kornweihe sind Fälle von Polygamie, also Vielehe, bekannt. Ein Männchen paart sich mit mehreren Weibchen, die nah beieinander ihre Horste haben. Diese sind immer auf dem Boden angelegt und im Gestrüpp, hohen Gras oder im Korn gut versteckt. Gebaut werden sie hauptsächlich aus trockenem Gras und Strohhalmen. Die Kornweihe legt vier bis sieben Eier, meistens erst im Mai (Abb. 56). Die Brutzeit dauert 29 bis 30, die Nestlingszeit bis zu 35 Tagen. Nach weiteren sieben Tagen sind die Jungen voll flugfähig.

Nahrung

Die Kornweihe jagt vor allem Kleinsäuger, aber auch Kleinvögel. Wildkaninchen und Junghasen sind nur selten ihre Beute. Bei schlechten Wetterverhältnissen fängt sie vornehmlich Vögel.

Jagdweise

Sie bevorzugt niedrige Pirschflüge über offenem Gelände. Die Beute schlägt sie direkt aus dem Flug am Boden. Manchmal sitzt die Kornweihe auf Pfählen, Heuhaufen und anderen erhöhten Plätzen an.

Abb. 58: Steppenweihe – Männchen

4.13

Steppenweihe

Circus macrorus (Gmelin, 1770)

GB –	Pallid harrier	H –	Fakó rétihéja
F –	Busard pâle	YU –	Eja stepska
SU –	Stiepnoj lunj	BG –	Stepien blatar
PL –	Błotniak stepowy	R –	Uliu alb
		S –	Stäpphök
CS –	Moták jižni	NL –	Steppenkiekendief

Wie es schon der diesmal wirklich zutreffende Artenname sagt, ist diese Weihe ein Bewohner der Steppen. Man findet sie in Osteuropa und Asien. Im westlichen Teil Europas kommt sie nur als seltener Irrgast vor. Meistens sind das Jungvögel, die den Jungvögeln von unseren einheimischen Korn- und Wiesenweihen sehr ähnlich sind. Deshalb wird allerdings so manch eine Steppenweihe übersehen oder aber fälschlich als eine solche angesprochen.

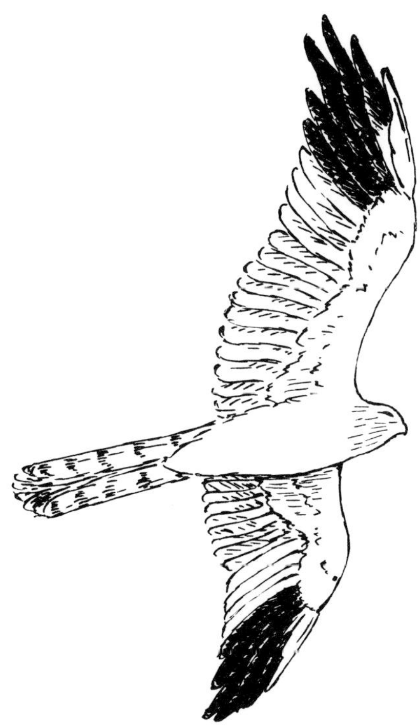

Abb. 57: Flugbild der Steppenweihe – altes Männchen

Kennzeichen

Das alte Männchen ist auf der Oberseite hellgrau und unten weiß, was im Flugbild scharf mit der zweiten bis fünften schwarzen Handschwinge kontrastiert (Abb. 57). Von einem Kornweihenmännchen unterscheidet es sich vor allem durch die ganz weiße Brust und den fehlenden schwarzen Bürzel (Abb. 58). Das Weibchen ist sehr dem der Korn- und Wiesenweihe ähnlich und nur aufgrund von Schlüsselmerkmalen zu unterscheiden. Jungvögel sind auf der Oberseite braun, aber etwas heller als die Weibchen. Die Unterseite ist einheitlich hell rostrot sowie ohne Strichelung.

Maße

Die Flügelspannweite beträgt 105 bis 120 Zentimeter, das Körpergewicht des Männchens 300 bis 370 Gramm, das des Weibchens 400 bis 500 Gramm.

Verbreitung

Die Steppenweihe ist Brutvogel in Südosteuropa. Bis dorthin reicht die westliche Verbreitungsgrenze des an sich asiatischen Brutareals.

Wanderungen

Sie überwintert in Afrika und Südasien. Einzelne Exemplare verirren sich manchmal nach Mitteleuropa.

Lebensraum

Sie bewohnt Steppengebiete und Halbwüsten, aber auch trockene Agrarlandschaften und sogar Feuchtgebiete.

Fortpflanzung

Der Horst befindet sich auf dem Boden und ist dem anderer Weihenarten ähnlich. Die drei bis sechs Eier werden Ende April gelegt und ca. 30 Tage bebrütet. Die Nestlingszeit dauert etwa 35 Tage (Abb. 59).

Nahrung

Hauptbeute sind Wühlmäuse, Ziesel und Hamster wie auch andere Kleinnager. Erbeutet werden ebenso Kleinvögel, insbesondere Jungvögel der Lerchen, Pieper etc. Jedoch ernähren sich Steppenweihen auch von Wasser- und Hühnervögeln wie auch von Eidechsen und Insekten .

Jagdweise

Sie fliegt in niedrigem Pirschflug und fängt ihre Beute am Boden.

Abb. 59: Horst der Steppenweihe mit Gelege (Pin.)

Abb. 60: Wiesenweihe – Männchen

4.14

Wiesenweihe

Circus pygargus (Linnaeus, 1758)

GB – Montagu's harrier	YU – Eja livardarka
F – Busard cendré	BG – Liwadiej plater
SU – Lugowoj lunj	R – Uliu sur
PL – Błotniak łąkowy	S – Mindre kärrhök
CS – Moták obecny	NL – Grauwe kiekendief
H – Hamvas rétihéja	

DIESE KLEINSTE UND ZIERLICHSTE unserer europäischen Weihen ist gar nicht so sehr ein Wiesenvogel, wie man es aufgrund ihres Artennamens vermutet. Sie bevorzugt eher Sumpfgelände, Moore und andere Feuchtgebiete. Insbesondere in Südeuropa ist sie auch in die Agrarlandschaft vorgedrungen, wenn sie diesbezüglich auch konservativer als ihre nahen Verwandten zu sein scheint, was ihr keine gute Zukunft verspricht. Die meisten Vorkommen in Europa weisen einen starken Bestandsrückgang auf, der vor allem mit dem immer größer werdenden Mangel an geeigneten Brutbiotopen in Zusammenhang gebracht werden kann.

Kennzeichen

Wiewohl die Flügelspannweite gleich groß wie die der Kornweihe ist, ist die Wiesenweihe schlanker und leichter. Man könnte fast sagen, daß die Tragflächen im Verhältnis zur Ausdehnung des Rumpfes zu groß sind. Das Männchen hat eine graublaue Oberseite mit leichtem braunem Anhauch. Der Hals und der obere Teil der Brust sind hellgrau, der Bauch ist weißlich und hat längliche braune Flecken, die sich auf die weißen Hosen erstrecken (Abb. 60). Die Handschwingen sind schwarz, die hellen Armschwingen haben zwei schwarze Querbänder, die im Flug gut zu sehen sind (Abb. 61). Das Weibchen ist dem der Kornweihe sehr ähnlich, hat also ein längsgeflecktes, oberseits etwas dunkleres, unterseits helleres, braunes Federkleid. Ähnlich sehen auch die Jungvögel aus, sie haben jedoch eine ungestreifte Unterseite.

Abb. 61: Flugbild der Wiesenweihe – altes Männchen

Maße

Die Flügelspannweite beträgt 105 bis 120 Zentimeter, das Körpergewicht der Männchen 240 bis 300, das der Weibchen 270 bis 450 Gramm.

Verbreitung

Am häufigsten kommt sie in Spanien und Frankreich vor (je etwa 3.000 Paare). Im übrigen Europa gibt es nur lokale Bestände. Die nördliche Verbreitungsgrenze verläuft durch Südschweden. Auf etwa der gleichen geographischen Breite endet auch das Brutareal in der Sowjetunion, wo sie in manchen Gebieten gar nicht so selten anzutreffen ist.

Wanderungen

Sie ist Zugvogel, der aus Mitteleuropa im August/September wegfliegt und in der zweiten Aprilhälfte zurückkehrt. Sie überwintert in Afrika südlich der Sahara, Hier ernährt sie sich hauptsächlich von Heuschrecken.

Lebensraum

Vorrangig lebt sie in ausgedehnten Feuchtgebieten aller Art und bevorzugt breite, sumpfige Flußtäler und Randzonen von Mooren und Seen. Gebietsweise brütet sie aber auch schon in der Kultursteppe, also in Getreidefeldern und auf Grasland. Sie jagt dort, wo sie das beste Nahrungsangebot vorfindet.

Fortpflanzung

Die Wiesenweihe bildet manchmal kleine Brutkolonien. Der Horst wird auf dem Boden angelegt, gewöhnlich im hohen, grasartigen Gestrüpp. Das Gelege besteht aus drei bis vier Eiern, die vom Weibchen in 28 bis 30 Tagen ausgebrütet werden (Abb. 62). Die Jungen verlassen den Horst nach etwa 35 Tagen, wie alle Weihen manchmal noch nicht voll beflogen.

Nahrung

Die Nahrung besteht hauptsächlich aus Kleinnagern, aber auch Kleinvögeln, vor allem aus leicht zu erbeutenden, kaum flüggen Jungvögeln. Zur Nahrung gehören zudem Frösche, Eidechsen und Schlangen.

Jagdweise

Sie jagt im niedrigen Pirschflug und fällt jäh auf die entdeckte Beute herab. Manchmal sitzt sie auch auf erhöhten Warten an.

Abb. 62: Horst der Wiesenweihe mit Gelege (Li.)

Abb. 65: Habicht – Altvogel

4.15

Habicht

Accipiter gentilis (Linnaeus, 1758)

GB	– Goshawk	H	– Héja
F	– Autour des palombes	YU	– Jastreb kokošar
		BG	– Jastrieb kokoschkar
SU	– Tierierewiatnik	R	– Uliul găinilor
PL	– Jastrząb	S	– Duvhök
CS	– Jastřáb obecný	NL	– Havik

DER HABICHT ist ein scheuer und heimlicher Vogel, der schwer zu beobachten ist. Sieht man ihn, dann gewöhnlich nur ganz kurz. Etwa wenn er plötzlich in gewandtem Flug erscheint, um ebenso schnell wieder in der nächsten Deckung zu verschwinden. Im Frühjahr verraten ihn seine lauten Rufe im Horstgebiet. Seine Anwesenheit bemerkt man auch an den hier und da vorzufindenden Rupfungen. Er ist ein Greifvogel mit umstrittenen Ruf. Zweifelsohne reguliert er die Beutepopulationen, indem er selektiv vorrangig kranke, schwache, nicht voll leistungsfähige oder sich fehlverhaltende Tiere fängt. Nur in diesem Licht sehen ihn auch die Vogelschützer. Zu seiner Hauptbeute gehören aber auch Haustauben, Haushühner und Niederwild, z. B. Fasanen. Diese werden natürlich nach dem gleichen Prinzip selektiert, sind aber weit mehr ausleseanfällig als echte Wildtiere, da sie nun mal vom Menschen durch Zucht – biologisch gesehen – verunstaltet worden sind. Wie dem auch sei, beliebt ist der Habicht infolgedessen bei den Tauben- und Geflügelzüchtern und ebenso bei den Jägern nicht.

Abb. 64: Flugbild des Habichts – junges Weibchen

Abb. 63: Flugbild des Habichts – altes Weibchen

Abb. 66: Habicht im ersten Federkleid (Pin.)

Kennzeichen

Mit seiner Flugart und Jagdweise, d. h. dem schnellen Angriff und der Verfolgung über nur kurze Distanz, hängt es zusammen, daß der Habicht relativ kurze, breite und abgerundete Flügel und einen langen Schwanz hat (Abb. 63, 64). Das Gefieder der Oberseite eines erwachsenen Vogels ist graubraun, die Unterseite ist weißlichgrau mit dichter, dunklerer Querbänderung (Abb. 65). Mit zunehmendem Alter des Individuums färbt sich die Oberseite immer mehr schiefergrau und die Unterseite wird immer heller, die Bänder schmaler. Der Schwanz hat vier bis fünf dunkle Querbänder. Im ersten Lebensjahr ist das Federkleid auf der Oberseite braun und unterseitig rostgelb mit dunkelbrauner Längszeichnung, welche aus den schmalen Schaftstücken der einzelnen Federn gebildet ist (Abb. 66, 67, 68). Die Iris ist bei Jungvögeln anfangs graublau, wird dann hellgrün, um schließlich ins Gelb zu verblassen (Abb. 70).
Altvögel haben eine organgefarbene oder feuergelbe Iris. Kennzeichnend für den Habicht sind ziemlich lange und kräftige Fänge mit langen Zehen, die mit sehr starken Klauen ausgerüstet sind.

Abb. 67: Habicht im zweiten Federkleid (Pin.)

Maße

Das Männchen ist um ein Drittel kleiner als das Weibchen. Seine Flügelspannweite beträgt 100 bis 105 Zentimeter, das Körpergewicht 650 bis 900 Gramm. Für das Weibchen sind das entsprechend 110 bis 120 Zentimeter bzw. 950 bis 1.500 Gramm. Im Osten und Norden Europas sind die Habichte bedeutend größer als im westlichen Teil des Kontinents.

Verbreitung

Der Habicht kommt in ganz Europa vor, aber in regional unterschiedlicher Dichte. In den meisten Ländern ist er ein relativ häufiger Brutvogel. In den letzten Jahren nimmt sein Bestand zu, was u. a. in den verstärkten Schutzmaßnahmen für die Greifvögel gründet.

Wanderungen

Altvögel sind das ganze Jahr über ansässig. Die Jungen streichen ab Juli/August in der weiten Umgebung herum. Im Herbst erscheinen in Mitteleuropa Habichte aus dem Norden und Osten, die hier dann überwintern.

Lebensraum

Er kommt als Brutvogel besonders in größeren Waldgebieten vor, dringt aber immer stärker in die offene Landschaft mit nur kleinen Waldstücken vor. Er jagt im Wald wie auch im freien Gelände, ja sogar in Ortschaften.

Fortpflanzung

Der Habicht wird gewöhnlich im zweiten Lebensjahr geschlechtsreif. Manchmal vermehren sich aber auch einjährige Vögel. Der Horst befindet sich in Althölzern auf hohen Bäumen, meistens nahe am Baumstamm in einer Vergabelung aus dicken Ästen. Häufig wird derselbe Horst mehrere Jahre benutzt, da er sehr haltbar gebaut ist. Die Horstoberfläche ist mit grünen Zweigen ausgelegt. Das Gelege besteht aus zwei bis fünf

Abb. 68: Habicht im achten Federkleid (Pin.)

(meistens drei bis vier) weißen, anfangs leicht grünlichen Eiern, die in ca. 38 Tagen, hauptsächlich vom Weibchen ausgebrütet werden. Die Jungen verlassen den Horst nach etwa 40 Tagen, werden dann aber noch drei bis vier Wochen von den Eltern geführt (Abb. 69).

Nahrung

Beutetiere sind vor allem Vögel in der Größe vom Sperling bis zum Fasan, aber auch Säuger von der Maus bis zum Hasen. Gut über die Hälfte der Nahrung besteht aus Tauben, dann kommen Drosseln und Rabenvögel. Gibt es im Jagdrevier eine Beutetierart, die besonders leicht zu fangen ist – z. B. Haustauben, junge Haushühner, ausgewilderte Volierenfasanen, durch strengen Winter geschwächte Rebhühner oder an Myxomatose erkrankte Wildkaninchen –, dann stellen sich die örtlichen Habichte und dazu noch einige Herumstreicher sehr schnell auf die gute Nahrungsquelle ein und nutzen sie soweit nur möglich.

Abb. 69: Horst des Habichts mit Jungem und Weibchen (Kl.)

Jagdweise

Vom Ansitz auf Bäumen oder aus dem Pirschflug dicht über dem Boden und unter Ausnutzung jeglicher Geländedeckung führt er Überraschungsangriffe aus. Sie enden häufig mit einem kurzen, aber ungemein rasanten Verfolgungsflug, der manchmal durch dick und dünn geht. Die Beute schlägt er je nach Situation in der Luft oder auch am Boden.

Abb. 70: Habicht – Jungvogel

Abb. 72: Sperber

4.16

Sperber

Accipiter nisus (Linnaeus 1758)

GB – Sparrowhawk	YU – Kobac ptičar
F – Épervier d'Europe	BG – Jastreb grabtschar
SU – Pierepieliatnik	R – Uliul păsărilor
PL – Krogulec	S – Sparvhök
CS – Krahujek obecný	NL – Sperwer

Der Sperber ist das verkleinerte Ebenbild des Habichts: Er sieht sehr ähnlich aus, hat ähnliche Lebensgewohnheiten und eine ähnliche Jagdweise. Zur Brutzeit ist er noch heimlicher als sein großer Vetter. Im Winter dagegen sieht man ihn recht häufig, wenn er z. B. inmitten einer Ortschaft den Spatzen nachjagt. In Mitteleuropa sind dies vor allem Vögel aus Skandinavien und dem nordwestlichen Teil der Sowjetunion, die hier überwintern. Mit dem Frühjahrszug der Singvögel gegen Norden ziehen dann auch die Sperber ab. Am Ort verbleibt eine zahlenmäßig nicht besonders große Brutpopulation dieses Greifs. Der Sperber ist ein Vogel mit außergewöhnlichen Eigenschaften: geschickt, schnell, dreist und verwegen, manchmal sogar tollkühn. Bei schnellen Verfolgungsflügen hinter Kleinvögeln setzt er häufig sein Leben aufs Spiel. Er stößt z. B. einem Sperling bis in das Innere von Häusern oder in dichtes Dornengestrüpp nach, in welches sich dieser vor Todesangst flüchtet. Es kommt vor, daß er Kanarienvögel im Käfig zu schlagen versucht, der vor das Zimmerfenster gehängt worden ist. Auch hat er keinen Respekt vor größeren Vögeln wie Elster und Häher, obwohl diese recht wehrhaft sind. Die Falkner des Nahen Ostens, die voller Passion mit dem Sperber beizen, sagen von ihm, daß er ein Vogel mit kleinem Körper, aber großem Herzen sei!

Abb. 71: Flugbild des Sperbers – altes Weibchen

Kennzeichen

Als „kleiner Habicht" zeichnet er sich durch breite, kurze und abgerundete Flügel sowie einen langen Schwanz aus (Abb. 71). Die Unterseite seines Federkleides ist „gesperbert", also dicht quergebändert und das alles in hellgrauem Ton mit braunen Bändern. Die Oberseite ist graubraun. Alte Männchen sind etwas bunter. Kopf und Rücken haben eine bläuliche Färbung, auf der Unterseite sieht man eine rötliche Tönung verschiedener Intensität (Abb. 72). Die Jungvögel beider Geschlechter sind braungrau. Die Unterseite des Körpers ist mit länglichen, tropfen- oder herzförmigen Flecken übersät. Die Deckfedern der Flügel haben einen hellen

Abb. 73: Sperber – junges Männchen

Rand (Abb. 73). Der Schwanz hat vier oder fünf breite dunkle Querbinden. Die Ständer sind gelb, die Iris hellgelb bis orange.

Maße

Das Männchen ist bedeutend kleiner als das Weibchen. Seine Flügelspannweite beträgt 60 bis 70 Zentimeter und sein Körpergewicht 150 bis 200 Gramm. Die Weibchen wiegen 230 bis 300 Gramm und haben eine Spannweite von bis zu 80 Zentimetern.

Verbreitung

Der Sperber kommt in ganz Europa mit Ausnahme von Nordskandinavien vor. In vielen Ländern ist ein Bestandsrückgang festgestellt worden. In letzter Zeit wird allerdings wenigstens regional ein Wiederanstieg des Bestands notiert.

Wanderungen

Die mitteleuropäische Population besteht aus ansässigen, streichenden wie auch wandernden Vögeln. Diese letzten überwintern gemeinsam mit der dortigen Brutpopulation in Frankreich und Spanien. Nach Mitteleuropa kommen zum Winter wiederum die Sperber aus dem Norden und Osten.

Lebensraum

Der Sperber brütet in großen Waldgebieten, aber auch in kleineren Wäldern. Bedingung ist, daß Stangenholz von Nadelbäumen vorhanden ist. Zum Winter verläßt der Sperber die Waldgebiete und lebt in der offenen Landschaft, teilweise sogar in der Nähe von Ortschaften, wo er leichter Nahrung findet, weil sich dann dort gerne viele Kleinvögel aufhalten.

Fortpflanzung

Der Horst wird, wie schon gesagt, im Nadelstangenholz angelegt, am liebsten in Fichten. Der Sperber baut praktisch jedes Jahr einen neuen Horst, meistens ganz in der Nähe des alten. Für gewöhnlich sind das Orte mit gutem Anflug, also in der Nähe von Waldschneisen, Wegen und Bächen oder auch in lichtem Baumbestand. Der Horst befindet sich immer dicht am Stamm und zwar in einer Höhe von vier bis zwölf Metern. Das Gelege besteht aus drei bis sieben rundlichen Eiern (Abb. 74). In Mitteleuropa werden die Eier in der zweiten Aprilhälfte oder im Mai gelegt. Die Brutzeit dauert 32 bis 36 Tage. Die Nestlingszeit beträgt 24 bis 30 Tage. Das Führen der Jungen in der Bettelflugperiode dauert noch weitere zwei bis drei Wochen.

Abb. 74: Horst des Sperbers mit Gelege (Li.)

Nahrung

Der Sperber ist ein echter Vogeljäger, bei dem über 90% der Nahrung aus Vögeln besteht. Vor allem sind dies Kleinvögel bis zur Drosselgröße. Aber manchmal überwältigt er auch größere Beute. Im Herbst fängt er häufiger kleine Nagetiere.

Jagdweise

Pirschflug in geringer Höhe unter Ausnutzung jeder Deckung oder auch Ansitz mit anschließendem Jagdflug. Der Sperber greift mit hoher Fluggeschwindigkeit an. Die fliehende Beute vermag kaum dem Stoß des Greifes auszuweichen, denn der Verfolger ist im Flug sehr wendig.

Abb. 75: Kurzfangsperber – Männchen

4.17

Kurzfangsperber

Accipiter brevipes (Sewertzow, 1850)

GB	–	Levant sparrowhawk	CS	–	Jastřáb krátkoprstý
			H	–	Kishéja
F	–	Èpervier á pieds courts	YU	–	Kobac kratkoprsti
			BG	–	Ksorpst jastreb
SU	–	Tjuwik	R	–	Uliu cupicioare scurte
PL	–	Krogulec krótkonogi	S	–	Kortbenat sparvhök
			NL	–	Balkansperwer

Er ist unserem Sperber sehr ähnlich und mit ihm leicht zu verwechseln. Höchstwahrscheinlich ist er deshalb erst beinahe hundert Jahre später, nachdem der Schwede Linné die europäischen Vögel lateinisch benannt hat, entdeckt und als eigene Art beschrieben worden. Noch heute sind sich die Systematiker darüber nicht ganz einig, ob er mit dem in Afrika und Asien lebenden Schickra-Sperber *(A. badius)* nicht zu einer Spezies gehört. Vom *Accipiter nisus* unterscheidet er sich jedoch deutlich aufgrund charakteristischer Merkmale, nämlich einer anderen Stimme und eines anderen Verhaltens, so daß kein Zweifel über seine Echtheit als Art besteht.

Kennzeichen

Der Geschlechtsdimorphismus ist weit geringer als beim Sperber. Auch ist er schmal- sowie spitzflügliger und hat einen kürzeren Schwanz (Abb. 75). Die Oberseite des Körpers ist bei ausgewachsenen Männchen blaugrau, dies kontrastiert mit den schwarzen Handschwingen. Die Unterseite ist weiß und hat eine dichte, rötlichbraune, blasse Sperberung (Abb. 76). Das Weibchen ist oberseits graubraun, unterseits weißlich mit graubrauner, dichter Querbänderung. Die Jungen sind auf der Oberseite braun, unterseits weißlich mit sparsam verteilter schwärzlicher Tropfenfleckung. Die Iris ist dunkelbraun, die Fänge sind gelb. Die Zehen, insbesondere die Mittelzehen, sind deutlich kürzer als beim Sperber.

Abb. 76: Flugbild des Kurzfangsperbers – altes Männchen

Maße

Der Kurzfangsperber ist etwas kleiner als der Sperber. Das Männchen hat eine Flügelspannweite von nur 60 bis 70, das Weibchen eine von 65 bis 75 Zentimetern. Das Körpergewicht beträgt entsprechend 130 bis 190 bzw. 150 bis 230 Gramm.

Verbreitung

Er kommt auf dem Balkan und im Süden des europäischen Teils der Sowjetunion vor. Über die Bestandsgröße ist kaum etwas bekannt. Er ist dort ein relativ seltener Vogel. Sein Brutareal erstreckt sich weiter nach Osten über große Teile Klein- und Zentralasiens.

Wanderungen

Der Kurzfangsperber ist ein Zugvogel, der wahrscheinlich auf der Arabischen Halbinsel und in Äthiopien überwintert.

Lebensraum

Im Unterschied zum Sperber ist er ein ausgesprochener Laubwaldbewohner, er lebt im Flachland wie auch in Hügellandschaften mit Waldstücken, Hainen und Feldgehölzen.

Fortpflanzung

Der Horst wird in vier bis fünfzehn Meter Höhe gebaut und sieht einem Taubennest ähnlich. Manchmal benutzt dieser Sperber als Unterlage alte Krähen- und Elsternnester. Die Horstmulde wird mit grünen Blättern ausgelegt. Das Gelege

Abb. 77: Horst des Kurzfangsperbers mit Gelege (Li.)

besteht aus drei bis fünf Eiern und wird etwa 30 Tage bebrütet (Abb. 77).

Nahrung

Die Nahrung ist recht vielseitig und besteht aus Wühlmäusen und anderen Kleinsäugern wie auch Vögeln, Eidechsen und großen Insekten.

Jagdweise

Er macht Beute aus dem Pirschflug oder von exponierter Warte aus.

Abb. 79: Mäusebussard

4.18

Mäusebussard

Buteo buteo (Linnaeus, 1758)

GB – Buzzard	YU – Škanjac mišar
F – Buse variable	BG – Obyknovien myschelow
SU – Kaniuk	R – Şorecar
PL – Myszołów	S – Ormvråk
CS – Káně lesni	NL – Buizerd
H – Egerészölyv	

DER MÄUSEBUSSARD gehört zu den am häufigsten in Europa vorkommenden Greifvögeln. Seine hohe Bestandsdichte, seine wenig spezifischen Biotopanforderungen und sein „offener Lebenswandel" bewirken, daß man diesen Vogel schnell zu Gesicht bekommt, wenn man nur die Stadtmauern verläßt. Gerne kreist er im Segelflug am Himmel. Im Frühjahr sieht man Paare, im Sommer ganze Familien und im Herbst kleinere Gruppen segeln. Dabei lassen sie ihren lauten, langgezogenen Ruf ertönen. Im Winter sehen wir den Mäusebussard eher am Boden oder auf einer Warte sitzend und auf Mäuse lauernd. Von diesen, die ja seine Hauptnahrung darstellen, hat er auch seinen Namen in einigen europäischen Sprachen. Gut paßt zu ihm aber auch der französische Name, denn sein Federkleid ist von Individuum zu Individuum in der Tat sehr „variabel".

Abb. 78: Flugbild des Mäusebussards

Abb. 80: Verschiedene Farbphasen

Kennzeichen

Sowohl im Sitzen als auch im Flug sieht er etwas untersetzt und schwerfällig aus. Er hat breite Flügel, einen ziemlich langen, im Flug häufig etwas gefächerten Schwanz und einen auf relativ kurzem Hals aufgesetzten Kopf (Abb. 78). Das Federkleid ist, wie schon gesagt individuell sehr verschieden gefärbt. Die Gesamtfärbung schwankt von dunkelbraun über rostrot und graubraun bis zu rahmfarben, ja sogar weißlich. Die Oberseite ist gewöhnlich dunkler als die Unterseite. Die Schwingen sind schwarz mit weißer Basis und weißen Buchten auf den inneren

Federfahnen. Brust und Bauch sind manchmal schmal quergebändert. Ebenso häufig kommt aber auch eine längliche Fleckung vor. Der Schwanz hat zahlreiche schmale, dunkle Binden. Die Färbung von Männchen, Weibchen und Jungen weist keine Unterschiede auf. Die Iris ist braun, Wachshaut und Fänge sind gelb. Die Fänge sind nicht besonders stark und mit nur kurzen Klauen versehen (Abb. 79, 80).

Maße

Die Flügelspannweite beträgt zwischen 110 und 130 Zentimeter, das Körpergewicht beläuft sich auf 700 bis 1.200 Gramm.

Verbreitung

Er ist in ganz Europa, mit Ausnahme des hohen Nordens, häufiger Brutvogel. Sein Zahlenbestand wird auf insgesamt einige hundertausend Paare eingeschätzt.

Wanderungen

Der Mäusebussard ist Stand-, Strich- oder Zugvogel. Im Herbst kommen die Vögel aus dem Nordosten nach Mitteleuropa, um hier zu überwintern, Die hiesigen Vögel wiederum ziehen teilweise etwas weiter nach Südwesten. Je härter der Winter ist, umso weiter ziehen sie.

Lebensraum

Er bevorzugt abwechslungsreiche Mischlandschaften. Im Inneren großer Waldkomplexe brütet er relativ selten. Häufiger besiedelt er die Randzonen solcher Wälder. In letzter Zeit dringt er deutlich in die Feldlandschaft mit vielen Feldgehölzen vor. Auch die Nahrung sucht er vorrangig außerhalb des Waldes.

Fortpflanzung

Er wird für gewöhnlich im zweiten Lebensjahr geschlechtsreif. Fast jedes Jahr wird ein neuer Horst gebaut und zwar auf Bäumen verschiedener Art und unterschiedlichen Alters. Der Horst befindet sich in einer Höhe von fünf bis 25 Metern. Meistens ist der Horst auf Seitenästen des Baumes angelegt. Er ist nicht besonders solide gebaut und manchmal nur schlecht verankert. Daher stürzt er auch bei Stürmen leichter als andere Greifvogelhorste ab. In der Feldlandschaft findet man den Horst in Feldgehölzen oder Remisen, ja sogar auf einzeln stehenden Bäumen. Die Eier werden in der ersten Aprilhälfte gelegt. Meistens sind es zwei oder drei, selten nur eines oder gar vier (Abb. 81). Die Brutzeit beträgt 32 bis 36 Tage, die Nestlingszeit währt ca. 40 Tage. Nach weiteren 30 bis 40 Tagen werden die Jungen selbständig.

Nahrung

Hauptsächlich sind es kleine Nager, ferner auch Kleinvögel, Reptilien, Lurche und Wirbellose, die der Mäusebussard fängt. Zur Zeit der Jungenaufzucht, wenn ein großes Nahrungsbedürfnis besteht, erbeutet er auch Junghasen und Wildkaninchen, deren Anteil an der Nahrung des Mäusebussards regional leider ansteigt. Im Winter nimmt er auch Fallwild und andere Tierkadaver an.

Abb. 82: Flugbild des Mäusebussards – Rütteln

Jagdweise

Er sitzt hauptsächlich auf Maulwurfshaufen, Zäunen, Pfählen oder Bäumen an. Er fliegt aber auch Pirschflüge, die er durch Rütteln an beuteverdächtigen Stellen unterbricht (Abb. 82). Erspäht er ein Beutetier, dann fliegt er es im Gleitflug an und fängt es. Bringt dieser erste Angriff keinen Erfolg, kommt es manchmal noch zu einer kurzen Verfolgung zu Fuß.

Abb. 81: Horst des Mäusebussards mit Gelege (Pin.)

Abb. 84: Rauhfußbussard

4.19

Rauhfußbussard

Buteo lagopus (Pontoppidan, 1763)

GB	Rough-legged buzzard	H	Gatyásölyv
F	Buse pattue	YU	Škanjac gačaš
SU	Zimniak	BG	Sievieren myschelov
PL	Myszołów włochaty	R	Sorecar-mcăltat
CS	Káně rousná	S	Fjällvråk
		NL	Ruigpootbuizerd

In Mitteleuropa ist er regulärer Wintergast, wenn auch von Jahr zu Jahr in unterschiedlicher Zahl. Zusammen mit dem hier ebenfalls überwinternden Mäusebussard ist er eines der charakteristischen Tiere der winterlichen Feldlandschaft. Von den Jägern wird er zu Unrecht verdächtigt, „räuberischer" veranlagt zu sein als der Mäusebussard. Beide Arten jagen mit großer Ausdauer Mäuse. An Niederwild erbeuten sie nur solche Tiere, die durch den strengen Winter stark geschwächt sind. Ein „gefundenes Fressen" ist natürlich Fallwild, aber auf einem Stück Fallwild ertappt, wird dieser Greif leider sofort zum räuberischen Übeltäter abgestempelt.

Kennzeichen

Vom Mäusebussard ist er durch den bis zu den Zehen befiederten Fuß, den mit einer breiten, dunklen Endbinde versehenen Schwanz und den mit der hellen Flügelunterseite kontrastierenden dunklen Flecken zu unterscheiden (Abb. 83). Auch ist er etwas größer als sein Vetter. Eine unterschiedliche Färbung des Federkleides beider Geschlechter gibt es nicht, dafür ist sie aber individuell sehr variabel. Der Kopf ist meistens

Abb. 83: Flugbild des Rauhfußbussards

hell, alles weitere kann hell, dunkel oder auch mischfarben sein. Die Farben variieren zwischen weiß, rahmfarben, grau und dunkelbraun (Abb. 84).

Maße

Die Flügelspannweite reicht von 130 bis 150 Zentimeter, das Körpergewicht liegt zwischen 800 und 1.400 Gramm.

Verbreitung

Der Rauhfußbussard kommt als Brutvogel in Tundra- und Waldtundragebieten Nordskandinaviens und des nördlichen Teils der Sowjetunion vor. Weiter zieht sich dann sein Brutareal über Ostsibirien bis zur neoarktischen Region Amerikas hin.

Wanderungen

Die nordeuropäischen Vögel kommen im Oktober bis November nach Mitteleuropa, in von Jahr zu Jahr unterschiedlicher Zahl. Dies ist von den Wetter- und Nahrungsverhältnissen im Norden abhängig.

Lebensraum

Er liebt die offene Landschaft und brütet in der Tundra und Waldtundra. In Mitteleuropa überwintert er in der Feldlandschaft und meidet Waldgebiete.

Fortpflanzung

Der Horst wird auf Felsenbänken, kleinen Plattformen an steilen Felsabhängen, auf dem Boden oder auf Bäumen angelegt. Die Brut beginnt im Mai oder Juni. Die Gelegegröße ist vom jährlichen Vorkommen der Lemminge abhängig. In normalen Jahren besteht das Gelege aus drei bis vier Eiern, in „Lemmingjahren" sind es fünf bis sieben (Abb. 85). Die Brutzeit beträgt 31 bis 35 Tage, die Nestlingszeit etwa 40 Tage.

Nahrung

Im Brutgebiet erbeutet er hauptsächlich Lemminge und andere Kleinsäuger. Gelegentlich fängt er kaum flügge Vögel. Die Winternahrung besteht vor allem aus Wühlmäusen und verendet aufgefundenen anderen Tieren.

Jagdweise

Häufig sitzt der Rauhfußbussard am Boden oder auf etwas erhöhter Warte an. Erblickt er ein Beutetier, dann holt er es im Flug mit ein paar Flügelschlägen oder auch zu Fuß ein und schlägt es. Während des Pirschfluges rüttelt er häufig, was dem Vogel ermöglicht, über einer ganz bestimmten Stelle in der Luft zu verbleiben.

Abb. 85: Horst des Rauhfußbussards mit Jungen und Altvogel (Zei.)

Abb. 86: Adlerbussard

4.20

Adlerbussard

Buteo rufinus (Cretzschmar, 1829)

GB –	Long-legged buzzard	YU –	Škanjac bjelorepi
F –	Buse féroce	BG –	Poliam myschelov
SU –	Kurgannik	R –	Şorecar mare
PL –	Kurhannik	S –	Örnvråk
CS –	Káně bělochvostá	NL –	Arendbuizerd
H –	Fehérfarkú ölyv		

DER ADLERBUSSARD ist ein naher Verwandter des Mäusebussards, den er in Nordafrika, Klein- und Zentralasien bis hin zur Mongolei vertritt. Morphologisch gesehen ist er so etwas wie eine Übergangsform zwischen den Bussarden und den Adlern. Der russische und polnische Name dieses Greifes gibt wieder, daß er in der Steppe gerne auf kleinen Erdhügeln, dort Kurhan genannt, sitzt und auch hier seinen Horst anlegt.

Abb. 87: Flugbild des Adlerbussards

Kennzeichen

Er ist deutlich größer als der Mäusebussard und hat ein adlerähnliches Flugbild, mit längeren Flügeln und stärker gefingerten Handschwingen. Der Adlerbussard kommt in drei Farbvarianten vor, der hellen, der roten und der dunklen, wobei die letzte in Europa kaum vorzufinden ist. Helle Vögel sind oberseits braun, unterseits weiß bis rahmfarben, wobei Teile der Brust, die Flanken und die Hosen dunkel quergebändert oder auch einheitlich dunkel sind. Rote Vögel sind oberseits rostbraun, unterseits ockerfarben bis rostrot. Der Schwanz des Adlerbussards ist hell, zimtfarben und ohne Zeichnung (Abb. 86). Gut zu sehen während des Fluges sind die hellen Schwingen mit den sich davon deutlich abhebenden schwarzen Spitzen (Abb. 87). Jungvögel haben einen bräunlichen, reichlich quergebänderten Schwanz.

Maße

Die Flügelspannweite beträgt 130 bis 155 Zentimeter, das Körpergewicht bis 1.400 Gramm.

Verbreitung

Er ist ein seltener Brutvogel auf dem Balkan und ganz im Süden des europäischen Teils der

Sowjetunion. Das eigentliche Brutgebiet liegt weiter im Osten, in Asien und auch Nordafrika.

Wanderungen

Die europäische Population überwintert in Afrika oder Kleinasien. In Mittel- und Westeuropa werden manchmal Irrgäste gesichtet.

Lebensraum

Der Horst steht auf Simsen in Felswänden oder auf Bäumen beziehungsweise Sträuchern, die in Wänden steiler Schluchten wachsen. In der Steppe brütet er auch am Boden, auf kleinen Erdhügeln. Das Gelege besteht aus drei bis vier Eiern, die denen des Mäusebussards ähnlich sind (Abb. 88). Die Brutzeit beginnt im April und dauert etwa 33 Tage.

Nahrung

Hauptbeute sind kleine und mittelgroße Säuger wie Wühlmäuse, Hamster, Ziesel, Maulwürfe oder Junghasen. Einen bedeutenden Anteil an der Nahrung machen auch Reptilien, insbesondere Eidechsen, aus.

Jagdweise

Er jagt im Suchflug in 20 bis 50 Metern Höhe oder vom Ansitz auf erhöhten Warten und auch zu Fuß.

Abb. 88: Horst des Adlerbussards mit Gelege (Li.)

Abb. 90: Schreiadler – links Jungvogel, rechts Altvogel

4.21

Schreiadler

Aquila pomarina Brehm, 1831

GB –	Lesser spotted eagle	H –	Kis békászósas
F –	Aigle pomarin	YU –	Orao kliktaš
SU –	Malyj podorlik	BG –	Malik kresliv oriel
PL –	Orlik krzykliwy	R –	Acvilă tipatoare mică
CS –	Orel kriklový	S –	Mindre skrikörn
		NL –	Schreeuwarend

ZWAR GEHÖRT ER von der zoologischen Systematik her zu den „echten" Adlern, hat aber nichts Stolzes und nur wenig „Räuberisches", wie es der Volksmund den Adlern nachsagt. In seinen Verhalten ist er dem Bussard sehr ähnlich: Er ist, seinen nur schwachen Fängen entsprechend, nicht in der Lage, eine größere Beute zu schlagen. Wenn er auch nur regional vorkommt, ist er dennoch der häufigste aller europäischen Adler. Negative Umweltveränderungen – der sich verringernde Anteil an Althölzern in den Wäldern, die sein Brutbiotop sind, sowie die Zerstörung seiner Jagdgebiete durch Trockenlegen von Feuchtgebieten – bilden eine starke Bedrohung für diesen Vogel.

Abb. 89: Flugbild des Schreiadlers – Altvogel

Kennzeichen

Der Schreiadler ist nicht viel größer als ein Mäusebussard, hat aber, insbesondere im Flug, eine typische Adlergestalt. Während des Kreisens sind die langen und breiten Flügel mit weit gefingerten Handschwingen rechtwinklig zum Körper ausgestreckt (Abb. 89). Wie bei allen Adlern sind seine Füße bis zu den Zehen befiedert. Das Gefieder ist bei beiden Geschlechtern erdbraun. Die Flügeldecken sind oberseits graubraun, unterseits rostrot, wogegen die Schwingen dunkel sind. Der Schwanz ist einheitlich braun, manchmal schmal und undeutlich quergebändert. Die Oberschwanzdecken sind mehr oder weniger auffällig hell. Jungvögel sind braun und haben einen rostgelben Nackenfleck. Auf der Brust kommen bei ihnen kleine rostgelbe Sprenkel vor. Rostgelb sind auch die Spitzen der Flügeldecken, die meistens ein helles Längsband bilden. Von Jahr zu Jahr wird das Jugendkleid dem Alterskleid ähnlicher. Wachshaut und Fänge sind gelb, die Iris ist hellbraun (Abb. 90).

Maße

Die Flügelspannweite mißt 135 bis 160 Zentimeter, das Körpergewicht der Männchen beträgt

1.100 bis 1.500, das der Weibchen 1.300 bis 1.500 Gramm.

Verbreitung

Die westliche Grenze des Brutareals umfaßt Norddeutschland, Polen, die Tschechoslowakei und Ungarn. Die östliche Grenze verläuft von Lettland nach Süden bis zum Schwarzen Meer. Das Hauptverbreitungsgebiet liegt in Polen und dem westlichen Teil der Sowjetunion, wo es um die 20.000 Brutpaare zu geben scheint.

Wanderungen

Die Winterquartiere liegen in Afrika, südwärts vom Äquator. Er verläßt die Brutgebiete im September bis Oktober und kehrt im April zurück. Nordwestlich des Brutareals werden regelmäßig, besonders im Frühjahr, Durchflügler gesichtet.

Lebensraum

Er brütet in Laub- und Mischwäldern, sowohl im Flachland als auch in den Bergen. Für die Nahrungssuche sind nahgelegene Feuchtgebiete und Wiesen notwendig.

Fortpflanzung

Die eingangs der Brutsaison stattfindenden Balzflüge sind ein prächtiges Schauspiel. In Spiralen schrauben sich die Schreiadler in große Höhen, um dann mit angelegten Flügeln im Sturzflug herabzufallen. Kurz vor dem Boden drehen sie elegant ab und wiederholen das Spiel.
Der Horst befindet sich in hohen Bäumen, meistens im unteren Teil der Krone. Er wird aus dünnen Ästen und Zweigen gebaut und hat eine nur flache Nestmulde, die mit frischen, grünen Laub- oder Fichtenzweigen ausgelegt ist. Manchmal benutzen die Schreiadler alte Raben- oder Bussardhorste.
Im Mai werden ein bis zwei Eier gelegt, die recht unterschiedlich gefärbt sein können (Abb. 91). Die Brutzeit dauert ca. 40 Tage. Das zweite, im Abstand von zwei bis drei Tagen geschlüpfte Junge stirbt in den ersten Lebenstagen, da es von dem älteren Geschwister terrorisiert, ja sogar gehackt wird und schließlich verhungert. Das verbleibende Junge verläßt den Horst nach ca. 50 Tagen, um noch weitere 20 bis 30 Tage von den Eltern geführt zu werden.

Nahrung

Hauptbestandteil der Nahrung sind kleine Nager und kaum flügge Kleinvögel. Gerne frißt der Schreiadler Regenwürmer.

Jagdweise

Er fliegt einen Spähflug, wobei er in einigen zig Metern Höhe gelegentlich kreist, zudem jagt er vom Ansitz aus und zu Fuß.

Abb. 91: Horst des Schreiadlers mit Gelege (Mey.)

Abb. 92: Schelladler

4.22

Schelladler

Aquila clanga Pallas, 1811

GB – Spotted eagle	YU – Orao klokotaš
F – Aigle oviard	BG – Goliam kresliv oriel
SU – Bolschoi podorlik	R – Acvilă tipătoare mare
PL – Orlik grubodzioby	S – Storre skrikörn
CS – Orel volavý	NL – Bastaardarend
H – Nagy békaszósas	

Er ist ein naher Verwandter des etwas weiter westlich vorkommenden Schreiadlers und des mehr im Südosten lebenden Steppenadlers. Die Brutgebiete aller dieser Arten überschneiden sich nur geringfügig, grenzen aber aneinander und bilden ein großes Verbreitungsgebiet dieser Adlergruppe. Die Verwandtschaft ist so nahe und die einzelnen Arten variieren in sich so stark und sind andererseits insgesamt einander so ähnlich, daß Zweifel an der Echtheit der Arten aufkommen. Womöglich handelt es sich nur um geographische Formen. In den Niederlanden scheint man übrigens diesen Verdacht schon vor langem gehabt zu haben und hat den Schelladler dort Bastardadler genannt!

Kennzeichen

Der Schelladler ist ein Adler der mittleren Größe. Im Flug – von unten gesehen – ist er einfarbig schwarzbraun, während beim Schreiadler der Kontrast der fast schwarzen Schwingen zu den etwas helleren Unterflügeldecken auffällt. Beim Schelladler sollen sich wiederum die hellen Oberschwanzdecken vom dunklen Gefieder deutlicher abheben als beim Schreiadler. Bei manchen Exemplaren kommen weiße Flecken

Abb. 93: Flugbild des Schelladlers – Jungvogel

auf den Flügeldecken, den Brust- und Bauchseiten und an den Spitzen der Steuerfedern vor. Bei den Jungvögeln haben die meisten Deckfedern des Rückens einen weißlichen bis rahmfarbenen Fleck. Das Gleiche betrifft auch die Flügeldecken, wodurch dann auf den Flügeln zwei bis drei helle Längsbänder entstehen (Abb. 92, 93). Der Schnabel des Schelladlers soll etwas dicker und klobiger als der des Schreiadlers sein. Auch soll die Stimme mehr kläffend sein.

Maße

Die Flügelspannweite beträgt 150 bis 180 Zentimeter, die Männchen wiegen 1.550 bis 2.000 Gramm, die Weibchen 2.000 bis 3.000 Gramm.

Verbreitung

Die westliche Verbreitungsgrenze verläuft durch Ostpolen, die Baltischen Länder und Westrußland.
Einzelne Paare brüten auch in Finnland und in Rumänien. Im Osten erstreckt sich das Brutareal über die asiatischen Waldgebiete bis nach China.

Wanderungen

Er zieht im Winter nach Nordostafrika und nach Kleinasien. Manche Vögel überwintern auch in Süd- und Westeuropa, und wohl sogar, wenn richtig bestimmt, in Südskandinavien.
Schelladler verlassen ihre Brutplätze im September/Oktober und kehren im April bis Anfang Mai zurück.

Lebensraum

Der Schelladler lebt in großen Waldgebieten. Er bevorzugt Laub- oder Mischwälder, in denen es Feuchtgebiete und Gewässer gibt. Seine Nahrung sucht er gerne in Überflutungsgebieten von Flüssen und im Sumpfgelände, aber auch auf Heuwiesen und Ackerland.

Fortpflanzung

Die Balzflüge sind die gleichen wie beim Schreiadler. Der Horst wird auf hohen Bäumen angelegt und ist dem des Schreiadlers ähnlich. Der Schelladler legt gewöhnlich nur zwei (selten ein oder drei) Eier im Mai. Die Eier sind weiß und haben mehr oder weniger große und zahlreiche grauviolette sowie rotbraune Flecken. Die Brutzeit beträgt ca. 40 Tage, die Nestlingszeit dauert 60 bis 70 Tage (Abb. 94).

Nahrung

Dieser verhältnismäßig große Greifvogel ernährt sich hauptsächlich von kleineren Nagern und kaum flüggen Vögeln. Zusätzlich fängt er auch Reptilien und Lurche. Der Schelladler frißt auch verendete Fische sowie andere tote Kleintiere.

Jagdweise

Genau wie beim Schreiadler wechseln Spähflug, Ansitz und Fußjagd ab. Gerne lauert er an Gewässerrändern auf Beute. Junge Blesshühner fängt er auf dem Wasser.

Abb. 94: Schelladler (Altvogel) am Horst (Kl.)

Abb. 96: Kaiseradler

4.23

Kaiseradler

Aquila heliaca Savigny, 1809

GB – Imperial eagle	YU – Orao krstaš
F – Aigle impérial	BG – Krstata oriel
SU – Mogilnik	R – Acvilă imperială
PL – Orzeł cesarski	S – Kejsarörn
CS – Orel královský	NL – Keizerarend
H – Parlagisas	

KAISER UNTER DEN GREIFVÖGELN ist er nur dem Namen nach. Zwar ist er ein imposanter und prächtiger Vogel mit stolzer Adlerphysionomie und nur wenig kleiner als der Steinadler, aber diesem an Stärke und Angriffslust unterlegen. Es reicht, die relativ schwachen Fängen des Kaiseradlers zu betrachten, um zu erkennen, daß er nur kleine Tiere erbeuten kann.

Kennzeichen

Das Flugbild zeichnet sich durch lange und breite Flügel, den meist etwas fächerförmig geöffneten Schwanz und den weit vorgestreckten Kopf aus (Abb. 95). Das Federkleid des Altvogels ist dunkelbraun. Stark kontrastiert damit der hellgelbe Hinterkopf und Nacken sowie der weiße Schulterfleck, der bei der in Iberien vorkommenden Form besonders auffällig ist. Der Schwanz ist grau und hat schmale, etwas dunklere Querbänder und eine breite, schwarze Endbinde. Die Jungvögel sind oberseits graubraun, wobei jede Feder einen hellen Schaftfleck hat. Die Unterseite ist rötlichgelb mit dunklen Rändern an den Federseiten. Von Jahr zu Jahr wird das Gefieder dunkler, um im fünften bis sechsten Lebensjahr die endgültige Färbung anzunehmen (Abb. 96).

Abb. 95: Flugbild des Kaiseradlers

Maße

Beim Männchen beträgt die Flügelspannweite 185 bis 205 Zentimeter, beim Weibchen 200 bis 215 Zentimeter. Entsprechend unterschiedlich ist dann auch das Körpergewicht, das bei den Männchen bis zu 3.000 Gramm ausmacht, bei den Weibchen bis zu 4.000 Gramm.

Verbreitung

Der Kaiseradler brütet als seltener Vogel im südöstlichen Teil Europas, wobei das Brutareal sich weiter nach Osten im asiatischen Steppengürtel bis zum Baikal hinzieht. Eine isolierte Population von etwa nur 40 Paaren kommt auf der Iberischen Halbinsel vor.

Wanderungen

Er ist ein Zugvogel, der in Afrika oder Vorderasien überwintert. Der Wegzug findet von Mitte September bis Ende Oktober statt. Von Mitte Februar bis Mitte März kehren die Vögel zurück.

Lebensraum

Im Südosten Europas ist er ein Vogel der Waldsteppe und anderer flacher sowie offener Landschaften. In der Slowakei und in Ungarn brütet er allerdings in bewaldeten Mittelgebirgen, wobei sein Jagdgebiet jedoch offenes Gelände ist. Auch der spanische Kaiseradler bevorzugt die offene Landschaft, dort ist das öfter extensiv bewirtschaftetes Agrarland. Wichtig ist grundsätzlich, daß einzelne große Bäume als Ansitz- und Horstplatz vorhanden sind.

Fortpflanzung

Der Horst ist ein recht massiver Bau, der auf Bäumen im lichten Bestand oder sogar auf einzeln stehenden Bäumen angelegt wird. Das Gelege besteht aus zwei bis drei Eiern, die ca. 45 Tage bebrütet werden. Die Nestlingszeit beträgt etwa 70 Tage (Abb. 97).

Nahrung

Vorwiegend sind Säugetiere bis zur Größe von Ziesel, Hamster und Wildkanichen seine Beute. Er erbeutet ebenso Junghasen, seltener Vögel, Reptilien oder Lurche. Auch Aas verschmäht er nicht.

Jagdweise

Der Kaiseradler jagt aus dem Ansitz von Bäumen, Heuhaufen usw. aus. Er wendet auch den Spähflug an, wobei er in größeren Höhen kreist und dann im Sturzflug auf die gesichtete Beute stößt. Reptilien und Lurche erbeutet er zu Fuß.

Abb. 97: Horst des Kaiseradlers mit Ei und Jungen (Li.)

Abb. 100: Steinadler – im Alter von zwei bis drei Jahren

4.24

Steinadler

Aquila chrysaëtos (Linnaeus, 1758)

GB – Golden eagle	YU – Orao suri
F – Aigle royal	BG – Skaliej oriel
SU – Berkut	R – Acvilă de munte
PL – Orzeł przedni	S – Kungsörn
CS – Orel skalni	NL – Steenarend
H – Szirtisas	

Er ist ein Symbol für Kraft und Mut, ein stolzer Wappenvogel. Nicht nur in Märchen und Legenden ist er der König der Vogelwelt, auch in der Wirklichkeit ist er ein königlicher Vogel, der von der Natur mit allem ausgestattet ist, was nötig ist, um diesem Titel gerecht zu werden. Unter den echten Adlern ist er der größte, der kühnste und der mutigste. Diese Eigenschaften, verbunden mit großer Kraft, bester Fluggewandtheit und den starken, langen Fängen, ermöglichen es dem Steinadler auch größere Beutetiere zu überwältigen, deren Körpergewicht das seine bei weitem übertrifft.

Abb. 98: Flugbild des Steinadlers – Altvogel

Kennzeichen

Die Adlersilhouette charakterisiert sich durch den im Flug ziemlich großen, vorgestreckten Kopf, die gefingerten Handschwingen, die wuchtigen Flügel und den meist leicht gefächerten Schwanz (Abb. 98). Der Flug dieses großen Vogels wirkt leicht und unbeschwerlich. Seine Flügelschläge sind kraftvoll. In seiner Gesamtfärbung ist der Altvogel braun. Die Schwungfedern und die Steuerfedern haben eine hellere Querbänderung an ihrer Basis. Hinterkopf und Nacken sind meistens goldgelb, rostgrau oder rostbraun. Jungvögel haben eine dunkelbraune Oberseite und eine etwas hellere Unterseite. Der schmutzigweiße Schwanz hat eine breite dunkle Endbinde. Kennzeichnend ist auch das große weiße Feld am Ende der Schwungfedern (Abb. 99). Bis zum fünften Lebensjahr verschwindet diese weiße Färbung allmählich. Die Füße sind befiedert. Fänge und Wachshaut sind gelb. Die Iris ist dunkelbraun (Abb. 100).

Maße

Das Männchen ist gewöhnlich etwas kleiner als das Weibchen, was aber keine Regel ist. Denn

Abb. 99: Flugbild des Steinadlers – Jungvogel

die maximalen Körpermaße der Männchen überschneiden sich mit den minimalen der Weibchen. Die Flügelspannweite der Männchen schwankt zwischen 200 und 210, die der Weibchen zwischen 205 und 220 Zentimetern. Entsprechend wiegen die Männchen 3.000 bis 4.500, die Weibchen 4.000 bis 5.500 Gramm.

Verbreitung

Der Steinadler kommt als Brutvogel in den meisten europäischen Ländern vor. Die größten Bestände mit je einigen hundert Paaren gibt es in Skandinavien, Schottland, auf der Iberischen Halbinsel und auf dem Balkan. Die gesamte europäische Brutpopulation zählt drei- bis viertausend Paare.

Wanderungen

Die Altvögel sind meistens standorttreu. Die Jungvögel, vor allem einjährige, sind Zug- oder Strichvögel. Aus dem Norden und Osten ziehen sie zum Winter in gemäßigte Zonen.

Lebensraum

In den Bergen lebt er gerne in Felsgebieten oberhalb der Waldgrenze, dort brütet er auch. Im Flachland zieht er große Waldungen vor, die an offene Landschaften grenzen.

Fortpflanzung

Der Steinadler brütet erst im Alter von über fünf Jahren. In den Bergen legt er den Horst in hohen Felswänden an, im Flachland auf alten Bäumen, die im Inneren von großen Waldkomplexen liegen. Jedes Paar verfügt im Horstrevier über mehrere Ersatzhorste, die abwechselnd benutzt werden. Der sehr massive Horst ist aus bis zu vier Zentimeter dicken Ästen gebaut. Die Nestmulde ist mit trockenen Gräsern ausgepolstert. Der Horst hat einen Durchmesser von bis zu zwei Metern. Das Gelege besteht aus zwei bis drei Eiern, die im März gelegt werden. Sie werden in 43 bis 45 Tagen ausgebrütet (Abb. 101). Die Nestlingszeit dauert 70 bis 80 Tage. Anschließend verbleiben die Jungen dann noch bis zum Herbst im Familienverband. Für gewöhnlich fliegt jedoch nur ein Jungvogel aus, da aufgrund von kämpferischen Auseinandersetzung unter den Geschwistern in den ersten Lebenswochen meist nur einer am Leben bleibt.

Nahrung

Sie ist recht vielseitig. Der Steinadler erbeutet Murmeltiere, Ziesel, Wildkaninchen, Hasen, Jungfüchse, junge Gemsen, Rehkitze, Rotwildkälber und auch Kleinnager. Außerdem kommen noch Waldhühner und andere Vögel bis zur Größe von Reihern dazu, ferner Kraniche und verschiedene Greifvögel. Im Winter frißt er auch Fallwild.

Jagdweise

Er sitzt häufig auf hoher Warte an oder sucht das Jagdgebiet im Spähflug ab. Das erblickte Beutetier schlägt er im Stoßflug, dem gegebenenfalls ein Verfolgungsflug vorangeht. Recht oft jagt das Adlerpaar im Kompanieflug, bei welchem der

Abb. 101: Horst des Steinadlers mit Gelege (Li.)

eine Partner für den anderen die Beute hochmacht und sie ihm zutreibt. Oder sie führen beide abwechselnde Angriffe durch. Auf diese Weise können dann auch größere Beutetiere überwältigt werden. Im Flug kann der Steinadler Gewichte von maximal fünf Kilogramm tragen. Um größere Beute zum Horst transportieren zu können, zerlegt der Steinadler sie.

Abb. 103: Habichtsadler

4.25

Habichtsadler

Hieraaëtus fasciatus (Vieillot, 1822)

GB – Bonelli's eagle	H – Héjasas
F – Aigle de Bonelli	YU – Orao prugasti
SU – Jastriebinyj oriel	BG – Pietnist oriel
PL – Orzełek południowy	R – Acvilă Bonelli
	S – Håkörn
CS – Orel jestřábi	NL – Havikarend

ER IST VERTRETER einer anderen systematischen Gruppe von Adlern, die als Gattung mit etlichen Arten vor allem in Asien, Afrika und Australien vorkommt. Näher als unseren Adlern der Gattung Aquila steht er den tropischen Schopfadlern *(Spizaëtus)*. Betrachtet man nur die europäischen Greifvögel, kann man ihn als eine Zwischenform von Adler und Habicht ansehen. Denn im Verhalten und in der Jagdtechnik ist er letzterem recht ähnlich.

Abb. 102: Flugbild des Habichtsadlers

Kennzeichen

Im Flug ist der Habichtsadler dem Wespenbussard ähnlich, wenn er natürlich auch größer ist und einen massigeren, weit vorgestreckten Kopf, stärker gefingerte Handschwingen und einen oft gefächerten Schwanz besitzt (Abb. 102). Färbung und Zeichnung des Federkleids sind je nach Alter ziemlich unterschiedlich. Altvögel haben eine schokoladenbraune Oberseite mit auffälligen weißen Partien auf dem Rücken. Die Unterseite ist weiß, machmal mit rostbraunem Anflug, der auf der Brust bei manchen Federn in kräftige Schaftstriche übergeht. Der helle Schwanz hat eine breite dunkle Endbinde. Das Jugendkleid ist ohne weiße Rückenflecken. Die Unterseite ist hell rostfarben, was auch für die Flügel gilt, wobei deren Spitzen allerdings dunkel abgesetzt sind (Abb. 103).

Maße

Die Flügel sind 160 bis 180 Zentimeter lang, das Körpergewicht schwankt zwischen 1.500 und 2.200 Gramm.

Verbreitung

Er kommt nur in Südeuropa vor. In Spanien gibt es etwa 300 Paare, in Südfrankreich 30 bis 50 Paare. Der Habichtsadler brütet auch auf den großen Inseln im Mittelmeer. Der gesamte europäische Bestand wird auf ca. 600 Paare geschätzt. Das Verbreitungsgebiet der Art umfaßt auch Nordafrika.

Wanderungen

Er ist Stand- oder Strichvogel. Insbesondere die Jungvögel streichen weit umher und kommen als seltene Irrgäste auch in Mitteleuropa vor.

Lebensraum

Der Habichtsadler bevorzugt offene, durch die Hartlaubvegetation gekennzeichnete Berglandschaften. Er jagt aber gerne in der Buschsteppe oder auch in der dortigen kargen Kulturlandschaft.

Fortpflanzung

Die Geschlechtsreife des Habichtsadlers wird erst im Alter von drei bis vier Jahren erreicht, wenngleich eine Paarbildung manchmal auch früher stattfindet.
Er ist sehr balzfreudig. Der Horst wird in einer Felswand angelegt.
Die Eier (meistens nur zwei) werden im Februar gelegt und in ca. 40 Tagen ausgebrütet (Abb. 104).

Nahrung

Sie ist sehr vielseitig. Der Habichtsadler erbeutet Kleinnager, Wildkaninchen und Hasen, auch Rothühner, Tauben, Dohlen und andere Vögel. Schließlich fängt er auch Eidechsen.

Jagdweise

Er ist schnell sowie gewandt und jagt nach Habichtsart im Pirschflug oder vom Ansitz aus, schlägt die Beute im Überraschungsangriff, öfter nach rasantem Verfolgungsflug zwischen Bäumen und Gestrüpp.

Abb. 104: Horst des Habichtsadlers mit Jungen und Altvogel (Li.)

Abb. 106: Zwergadler

4.26

Zwergadler

Hieraaëtus pennatus (Gmelin, 1788)

GB –	Booted eagle	H –	Törpesas
F –	Aigle botté	YU –	Orao patuljesti
SU –	Oriel karlik	BG –	Malik oriel
PL –	Orzełek włochaty	R –	Acvilǎ piticǎ
		S –	Dvärgörn
CS –	Orel viejmensi	NL –	Dwergarend

Abb. 105: Flugbild des Zwergadlers – helle Phase

DER ZWERGADLER – nomen est omen – ist der kleinste unserer Adler. Er hat etwa die Größe eines Mäusebussards, fliegt aber weit behender und schneller, ist angriffslustiger und als Beutegreifer leistungsfähiger. In dieser Hinsicht ist er dem Habicht ähnlich. Seine Balzflüge sind ein wunderbares Schauspiel. Er schraubt sich, teilweise im Segelflug, hoch in die Lüfte. Dann fällt er mit halbangelegten Flügeln blitzschnell herab, taucht in der Dichte des Waldes unter, erscheint gleich aber wieder über dem Laubdach und schlägt einige Purzelbäume in der Luft. Schließlich steigt der Zwergadler wieder hoch auf und wiederholt dann das Spiel.

Kennzeichen

Er hat etwas schmalere und längere Flügel als der Mäusebussard sowie einen längeren Schwanz. Die Flügel werden im Flug adlerartig, also rechtwinklig zum Rumpf gehalten. Die Füße sind bis zu den Zehen befiedert.
Es gibt zwei Farbphasen – eine öfter anzutreffende helle und eine dunkle. Bei der ersten ist die Unterseite gelblichweiß. Bei der dunklen Phase ist sie dunkelbraun. Für beide Farbphasen ist ein helles äußeres Feld auf den inneren Handschwingen kennzeichnend, das sich insbesondere auf der Unterseite der Flügel gut von den ansonsten dunklen Schwingen abhebt (Abb. 105). Oberseits ist das Federkleid bei beiden Farbphasen dunkel. Kopf und Nacken sind rostbraun und haben dunklere Schaftstriche auf den Federn. Dunkle Schäfte haben auch die hellen Federn am Hals (Abb. 106).
Die Jungvögel sind ähnlich gefärbt, nur ist bei der hellen Phase die Unterseite deutlich dunkler als bei den Altvögeln.

Maße

Die Flügelspannweite beträgt 110 bis 130 Zentimeter, das Körpergewicht schwankt zwischen 700 und 1.100 Gramm.

Verbreitung

Am häufigsten kommt er auf der Iberischen Halbinsel vor (ca. 9.000 Paare). Er brütet aber auch in Frankreich (ca. 200 Paare), auf dem Balkan (ca. 300 Paare), in der Sowjetunion (ca. 600 Paare) und vereinzelt auch in Ungarn, der Tschechoslowakei und in Polen.

Wanderungen

Der Zwergadler ist Zugvogel, der in Afrika, südlich der Sahara überwintert. Europa verläßt er im September oder Oktober und kehrt im April zurück.

Lebensraum

Er ist stark an Waldgebiete gebunden und lebt in großen Laub- oder Mischwäldern, sowohl im Flachland als auch in den Bergen. Dort zieht er aber lichte Baumbestände vor, die mit offenem Gelände abwechseln.

Fortpflanzung

Zu Beginn der Brutzeit finden die schon beschriebenen Balzflüge statt. Der Horst wird auf Bäumen in verschiedener Höhe angelegt. Häufig werden alte Horste anderer Vögel ausgebaut. Nestmulde und Horstrand werden mit grünen Zweigen ausgelegt, die Eier Ende April bis Mai gelegt.
In der Regel sind es nur zwei Eier, die in 36 bis 38 Tagen ausgebrütet werden (Abb. 107). Die Nestlingszeit dauert 50 bis 60 Tage.

Nahrung

Der Speisezettel ist sehr abwechslungsreich. Der Zwergadler erbeutet kleine Säuger bis zur Größe eines halberwachsenen Hasen, kleine bis mittelgroße Vögel und auch Eidechsen.

Jagdweise

Der Zwergadler fliegt Spähflüge in größeren Höhen mit Angriffen im Sturzflug. Manchmal reduziert er die Flughöhe aber auch langsam, um erst in der letzten Phase des Angriffs zum Sturzflug überzugehen. Schließlich praktiziert er auch den Pirschflug in geringer Höhe oder er jagt vom Ansitz aus mit anschließendem Überraschungsangriff.

Abb. 107: Horst des Zwergadlers mit Gelege (Li.)

Abb. 109: Fischadler

4.27

Fischadler

Pandion haliaëtus (Linnaeus, 1758)

GB – Osprey	H – Halászsas
F – Balbuzard fluviatile	YU – Jastrebac cipolaš
SU – Skopa	BG – Oriel ribar
PL – Rybołów	R – Vultur pescar
CS – orel řični	S – Fiskgjuse
	NL – Visarend

Der Fischadler kommt praktisch auf der ganzen Welt vor und bildet mit nur einer Spezies die Familie der Fischadlerartigen. Unterschieden werden lediglich einige Unterarten oder auch geographische Formen, die sich natürlich sehr ähnlich sind. Das hängt wohl vor allem damit zusammen, daß dieser Greifvogel ganz besonders auf den Fang von Fischen eingerichtet ist, wozu sicher spezielle Eigenschaften notwendig sind, die kaum irgendwelche Abweichungen erlauben. Sein Gefieder ist steif, hart und breit, liegt gut am Körper an, was das Tauchen erleichtert. Bewundernswert ist die Fähigkeit dieses Greifvogels, im Sturzflug ins Wasser zu tauchen und sich gleich danach wieder zum Flug zu erheben, häufig mit einem schweren Fisch in den Fängen. Um die glatte, glitschige Beute besser fassen und festhalten zu können, sind die Fänge mit langen, starken und gut gekrümmten Klauen versehen. Deshalb besitzen die Zehen an der Unterseite auch zahlreiche stachelartige Hornplättchen. Die äußere, erste Zehe ist dazu eine Wendezehe, die je nach Belieben nach außen oder innen gestellt werden kann. Dies gewährleistet, daß der Fischadler gut zupacken kann. Der Oberschnabel scheint in seinen Proportionen etwas zu lang zu sein, ist aber beim Zerteilen der mit Schuppen bedeckten Beute sehr behilflich.

Abb. 108: Flugbild des Fischadlers

Alles in allem ist der Fischadler ein hochspezialisierter Beutegreifer.

Merkmale

Im Flug ist er leicht an den langen und ziemlich schmalen, meistens etwas angewinkelten Flügeln und der weißen Unterseite zu erkennen (Abb. 108). Der Kopf ist weiß oder leicht rahmfarben und hat einen breiten, dunklen Augenstreif. Die Oberseite ist dunkelbraun, sie setzt sich deutlich von der hellen Unterseite ab. Der Schwanz ist quergebändert. Die Iris ist gelb, Wachshaut und Fänge sind graublau. Jungvögel sind ähnlich gefärbt, nur haben die Deckfedern ihres Rückens einen hellen Rand (Abb. 109).

Maße

Die Flügelspannweite reicht von 150 bis 170 Zentimetern. Das Körpergewicht schwankt zwischen 1.300 und 1.900 Gramm. Die Weibchen sind manchmal etwas größer als die Männchen.

Verbreitung

Etwas häufiger kommt er vor allem in Nord- und Osteuropa vor (ca. 5.000 Paare). Er brütet auch in den Seengebieten Norddeutschlands und Polens, ebenso auf den spanischen Mittelmeerinseln und auf Korsika.

Wanderungen

Der Fischadler ist ein Zugvogel, der in Afrika, teilweise auch im Mittelmeerraum überwintert. Der Hinflug findet im September statt, die Rückkehr im April.

Lebensraum

Entsprechend seiner spezifischen Nahrungsgewohnheiten stellt er spezielle Ansprüche an das ihm zusagende Habitat. Es müssen genügend fischreiche Gewässer vorhanden sein. Am besten geeignet sind stille Waldseen, ruhige Flußläufe, größere Fischteiche oder Küstengewässer.

Fortpflanzung

Die Geschlechtsreife erreicht der Fischadler erst im vierten bis fünften Lebensjahr. Zunächst kommen die Männchen aus den Winterquartieren zurück und beginnen in der Nähe des Horstareals mit den Balzflügen, u. a. um ein

Abb. 110: Horst des Fischadlers mit Ei und Jungem (Ar.)

Weibchen anzulocken. Sie schwingen sich in große Höhen auf und lassen sich dann abkippen. Sie fallen etwas abwärts, fangen sich im Flug, um zu rütteln. Dann trudeln sie weiter nach unten, rütteln wieder. Und so geht es weiter, alles begleitet von lauten, durchdringenden Rufen. Die Paare sind sehr an das einmal besetzte Horstgebiet gebunden. Der Horst steht meistens auf dem Wipfel eines etwas exponierten, hohen Baumes. Die Fischadler bevorzugen Kiefern. In Mitteleuropa benutzen sie immer häufiger Hochspannungsmasten als Bauplatz für ihren Horst. In Südeuropa wiederum sind Felsenhorste am häufigsten. Die Eier werden in der zweiten Aprilhälfte gelegt. Im Gelege sind zwei bis vier Eier, die in 36 bis 38 Tagen ausgebrütet werden (Abb. 110). Die Jungen werden nach etwa acht Wochen flugfähig, verbleiben aber noch weitere zwei Monate im Familienverband. Manchmal hält dieser noch auf dem Zug in die Winterquartiere zusammen, da die Obhut der Eltern immer noch nötig sein kann, denn das Fischfangen muß ausgiebig gelernt werden.

Nahrung

Sie besteht ausschließlich aus Fischen, vorwiegend sind es Hechte, Plötzen, Brassen, Barsche und Karauschen. An Fischteichen sind es natürlich auch Karpfen. Das Gewicht der erbeuteten

Fische überschreitet für gewöhnlich nicht 500 Gramm.

Jagdweise

Der Fischadler patroulliert sein Jagdgebiet in 30 bis 50 Metern Höhe, rüttelt an beuteverdächtigen Stellen (Abb. 111) und fällt, wenn er einen Fisch gesichtet hat, auf diesen im Sturzflug mit halbangelegten Flügeln herunter. In der Endphase des Jagdfluges streckt er seine Füße und geöffneten Fänge weit vor. Mit laut klatschendem Geräusch wird die Wasseroberfläche durchbrochen. Manchmal taucht er völlig unter und greift den Fisch. Dann taucht der Vogel wieder auf, stößt sich mit einigen Flügelschlägen vom Wasser ab und fliegt mit der Beute in den Fängen zum Kröpfplatz. In aller Regel ist das ein bestimmter Baum mit trockenen Ästen und gutem

Abb. 111: Flugbild des Fischadlers – Rütteln

Zuflug, ein Pfahl im Wasser oder auch der Horst. Ist der gefangene Fisch für den Lufttransport zu groß, läßt der Fischadler ihn fallen.

Abb. 112: Rötelfalke – altes Männchen

4.28

Rötelfalke

Falco naumanni Fleischer, 1818

GB –	Lesser kestrel	H –	Kisvércse
F –	Faucon erécerellette	YU –	Vjetruša bjelonokta
SU –	Stiepnaja pustiejga	BG –	Stiepna vietruschka
PL –	Pustułeczka	R –	Vinderel mic.
CS –	Pǒstolka jiǐni	S –	Rödfalk
		NL –	Kleine torenvalk

DER RÖTELFALKE ist ein „Zwillingsbruder" des allgemein bekannten Turmfalken, jedoch etwas kleiner und filigraner. Auch hat er ein vertrauteres und geselligeres Verhalten: Er lebt gerne in direkter Nachbarschaft mit dem Menschen.

Kennzeichen

Er ist, wie schon gesagt, dem Turmfalken sehr ähnlich, allerdings ist das Männchen lebhafter bzw. kontrastreicher gefärbt. Kopf, Nacken, vordere Flügeldecken, Armschwingen, Schwanz und Schwanzdecken sind ungefleckt stahlgrau. Der Schwanz hat eine breite schwarze Endbinde. Oberseits ist der Vogel leuchtend ziegelrot, ebenfalls ohne Flecken. Die Unterseite der Flügel ist beinahe weiß, ansonsten ist sie rahmfarben und spärlich dunkel gefleckt (Abb. 112, 113). Das Weibchen ist oberseits rostrot mit schwarzbraunen Querbinden. Die hellere Unterseite ist dichter als beim Männchen mit dreieckigen dunklen Flecken bedeckt. Die Jungvögel sind den alten Weibchen ähnlich.
Ganz aus der Nähe gesehen, sind die weißen Krallen ein sehr gutes Unterscheidungsmerkmal, denn der Turmfalke hat schwarze Krallen.

Abb. 113: Flugbild des Rötelfalken – altes Männchen

Maße

Die Flügelspannweite beträgt 70 bis 75 Zentimeter, das Körpergewicht der Männchen etwa 150, das der Weibchen bis ca. 200 Gramm.

Verbreitung

Er ist häufiger Brutvogel in Spanien und Portugal (ca. 60.000 Paare), selten brütet er auf dem Balkan, in Italien und im südlichen Teil der Sowjetunion.

Wanderungen

Der Rötelfalke ist Zugvogel und überwintert in Ost- und Südafrika.

Lebensraum

Er liebt trockene, offene Landschaften und dort die Nähe von Ortschaften oder Felsen. Notwendig sind Höhlen, Spalten oder Simse an Felsen, alten Mauern oder Häusern, in bzw. auf denen er seine Horstplätze anlegt.

Fortpflanzung

Er brütet in Kolonien mit manchmal bis zu 200 Paaren. Einzelbruten kommen nur am Rand des Verbreitungsareals vor. Außer den schon genannten Horstplätzen besetzt der Rötelfalke auch Nester in Saatkrähenkolonien . Die Eier (drei bis sechs) werden im Mai gelegt. Sie sind meist rosarötlich gefärbt, manchmal auch gelblich, mit zahlreichen rotbraunen oder ziegelbraunen Flecken. Wie bei allen Falken sind die Eier individuell recht verschieden gefärbt. Die Brutzeit dauert 28 bis 30 Tage, ebenso lange währt die Nestlingszeit (Abb. 114).

Nahrung

Seine Hauptbeute sind Insekten, insbesondere Heuschrecken und Käfer. Kleine Nager und Vögel wie auch Reptilien gehören zu seiner zusätzlichen Nahrung.

Jagdweise

Er fliegt Spähflüge, nur selten rüttelt er während dieser Flüge. Entdeckt er ein Beutetier, dann kommt der Falke im fallschirmartigen Flug herunter, um erst in der letzten Angriffsphase einen schnellen Stoßflug auszuführen. Gern sitzt er auf Telefonmasten und -drähten an.

Abb. 114: Horst des Rötelfalken mit Jungen (Li.)

Abb. 117: Turmfalke

4.29

Turmfalke

Falco tinnunculus Linnaeus, 1758

GB – Kestrel	YU – Vjetruša klikavka
F – Faucon erécerelle	BG – Obiknovienna vietruschka
SU – Obiknoviennaja pustielga	R – Vinderel roşu
PL – Pustułka	S – Törnfalk
CS – Poštolka obecná	NL – Torenvalk
H – Vörösvércse	

Er soll der am häufigsten vorkommende Greifvogel Europas sein. Sein Zahlenbestand nimmt jedoch im Osten und Süden des Kontinents ständig ab, regional sogar recht rapide. Die Gründe dafür sind vor allem in Umweltveränderungen zu suchen. Andererseits ist in diesem Zusammenhang die Tatsache erstaunlich, daß in Westeuropa die Population des Turmfalken gegenwärtig ziemlich stabil bleibt und bei hoher Siedlungsdichte funktioniert. Hinweisen könnte dies darauf, daß sich dieser Vogel dort schon an das Leben in der modernen Landschaft angepaßt hat.

Abb. 115: Flugbild des Turmfalken – Rütteln

Kennzeichen

Der Turmfalke ist ein Kleinfalke, der den Rüttelflug besonders gerne fliegt. Behilflich dazu sind ihm der lange, dann fächerartig schräg nach unten ausgebreitete Schwanz und die dabei flatternden Flügel (Abb. 115). Der Flug ist für einen Falken nicht besonders dynamisch. Das Federkleid des erwachsenen Männchens ist am Kopf und Nacken graublau. Ebenso gefärbt ist auch der Schwanz, der eine breite schwarze Endbinde hat. Rücken- und Deckfedern der Flügel sind rostrot mit dunklen, dreieckigen Flecken. Die Schwingen sind schwarzbraun. Brust und Bauch sind rahmfarben und mit länglichen dunklen Flecken bedeckt. Das Weibchen ist oberseits ziegelrot und hat hier dunkle Querstreifen. Die hellere Unterseite ist dichter als beim Männchen mit dunkelbraunen Längsflecken besät (Abb. 116). Wachshaut, Augenring und Füße sind gelb, die Iris braun. Jungvögel sind dem Weibchen ähnlich, nur insgesamt etwas blasser gefärbt (Abb. 117).

Abb. 116: Flugbild des Turmfalken – altes Weibchen

Maße

Die Flügelspannweite der Männchen beträgt 70 bis 77, die der Weibchen 75 bis 80 Zentimeter. Die Männchen wiegen 170 bis 230, die Weibchen 180 bis 280 Gramm.

Verbreitung

Er kommt recht häufig (einige 100.000 Paare) in ganz Europa vor. Die größten Bestände gibt es in Großbritannien (ca. 100.000 Paare).

Wanderungen

Die meisten Turmfalken sind Zugvögel und überwintern in Südeuropa oder auch in Afrika. Ein geringer Teil verbleibt im Winter im Brutgebiet.

Lebensraum

Der Turmfalke lebt in lichten Wäldern oder einer mit Baumbeständen durchsetzten Feldlandschaft. Er bewohnt aber auch die Berge bis hinauf zu den Felsengipfeln. Er brütet schließlich in Städten, Industrieanlagen und auf Burgruinen.

Fortpflanzung

Er wird schon mit Ende des ersten Lebensjahres geschlechtsreif. Wie alle Falken baut er keinen eigenen Horst. Er benutzt alte, auf hohen Bäumen angelegt Krähen- oder Elsternnester, Spalten und Vertiefungen in Felsen, Löcher, Simse oder Nischen an hohen Gebäuden und Ruinen. Der Turmfalke nimmt auch ausgehängte Nistkästen entsprechender Größe an. Das Gelege besteht aus drei bis sechs Eiern, die individuell recht verschieden gefärbt sein können (Abb. 118). In Mitteleuropa erfolgt die Eiablage etwa Mitte April. Die Brutzeit dauert 28 bis 30 Tage, ebenso lange währt die Nestlingszeit. Die Zahl der ausfliegenden Jungen ist von der sich jährlich verändernden Reichhaltigkeit der Nahrungsbasis abhängig.

Nahrung

Seine Hauptbeute sind Wühlmäuse, die zusammen mit anderen Kleinnagern über 90% der Nahrung ausmachen. Zusätzlich erjagt er Kleinvögel, deren Anteil dann zunimmt, wenn es an Wühlmäusen mangelt. Sporadisch fängt er auch Eidechsen, Frösche und Insekten. Gelegentlich verzehrt er Regenwürmer.

Jagdweise

Da die Hauptbeute aus nicht fliegenden Tieren besteht, ist auch die Jagdtechnik entsprechend. Am häufigsten fliegt er den Spähflug in bis zu 50 Metern Höhe. Dabei rüttelt er öfter, um aus dieser Flugposition auf eine gesichtete Maus im Stoß herabzufallen. Ähnlich verläuft auch die Jagd vom Ansitz auf Telefonmasten usw. aus. Vögel erbeutet der Turmfalke im Überraschungsangriff. Lange Verfolgungsflüge sind für ihn zwecklos, denn der Turmfalke kann nicht so schnell wie z. B. der Baumfalke fliegen.

Abb. 118: Horst des Turmfalken mit Gelege (Kl.)

Abb. 120: Rotfußfalke

4.30

Rotfußfalke

Falco vespertinus Linnaeus, 1776

GB –	Red-footed falcon	H –	Kékvércse
F –	Faucon kobez	YU –	Vjetruša kopčic
SU –	Koptschik	BG –	Vietscherna vietruschka
PL –	Kobczyk	R –	Soimulet de seară
CS –	Poštolka rudunohá	S –	Aftonfalk
		NL –	Roodpootvalk

DIESER KLEINE FALKE ist in Aussehen und in Verhalten etwa ein Mittelding zwischen Baum- und Turmfalke. Sein Flugbild ist dem des Baumfalken ähnlich, wenn der Flug auch weicher und weniger dynamisch ist (Abb. 119). Gerne rüttelt er, wie es auch der Turmfalke tut. Er ist Insektenfänger. Der Rotfußfalke jagt bevorzugt vom späten Nachmittag bis in den Abend, wenn besonders viele Insekten schwärmen. Daher ist auch sein lateinischer Name – *F. vespertinus* – zu erklären. In den verschiedenen europäischen Sprachen hängt sein Artenname entweder mit dieser Verhaltensweise zusammen (auch im Deutschen hat er einen zweiten Namen – Abendfalke) oder aber mit den nur einmal bei den europäischen Greifvögeln vorkommenden roten Füßen. In manchen slawischen Sprachen bezieht sich der Name wiederum auf das rauchfarbenen Federkleid des Männchens.

Kennzeichen

Beim Rotfußfalken tritt ein deutlicher Geschlechtsdimorphismus auf. Das gesamte Federkleid des Männchens ist schieferschwarz, die Schwingen haben einen leicht grauen Schimmer. Hosen und Schwanzdecken sind ziegelrot.Das

Abb. 119: Flugbild des Rotfußfalken – altes Männchen

Weibchen ist oberseits schmutzigrau mit schwarzen Querbinden. Scheitel und Körperunterseite sind rostfarben, der Schwanz ist grau und hat schwarze Querbinden. Ein schwarzer Brustreif hebt sich von dem weißen Hals ab. Bei beiden Geschlechtern sind Wachshaut, Augenring und Fänge orangerot (Abb. 120). Jungvögel sind dem Weibchen ähnlich, haben jedoch einen brauneren Rücken und eine hellere Unterseite mit dichter Längsstreifung.

Maße

Das Männchen ist nur unbedeutend kleiner als das Weibchen. Die Flügelspannweite beträgt 75 bis 80 Zentimeter, das Körpergewicht 150 bis 200 Gramm.

Verbreitung

Das Brutareal, das einen großen Teil Asiens und Osteuropas umfaßt, reicht im Westen bis Ungarn und die Slowakei. Spärlich brütet dieser Falke auch auf dem Balkan.

Wanderungen

Er überwintert im südlichen Teil Afrikas. Schon im August verlassen die Rotfußfalken ihre Brutplätze. Bei Hochdruckwetter mit warmen Luftströmen aus Südost wandern sie anfangs in nordwestliche Richtung, und viele dieser Vögel werden dann im Ostseeraum gesichtet. Später geht es dann zurück nach Süden. Die Rotfußfalken kehren in der zweiten Aprilhälfte zurück, diesmal schon direkt zu ihren Brutorten. Nicht selten erscheinen sie auch weiter westlich. In der Schweiz, in Süddeutschland und Österreich werden alljährlich im Mai einige auf dem Frühjahrszug beobachtet, oft in Gesellschaft von Baumfalken.

Lebensraum

Er liebt eine abwechslungsreiche offene Landschaft, in der reichlich Insekten als Nahrung vorhanden sind.

Fortpflanzung

Der Rotfußfalke brütet gern in kleinen Gesellschaften oder sogar in Kolonien. Er benutzt dafür alte Krähen- und Elsternhorste. Das Gelege besteht aus drei bis vier Eiern mit unterschiedlicher Färbung von hellrosa bis rostfarben oder braun mit dunkleren Flecken. Die Eier werden erst in der zweiten Maihälfte oder im Juni gelegt. Die Brutzeit beträgt 28 Tage, die Nestlingszeit währt 30 Tage (Abb. 121). Nach weiteren vierzehn Tagen sind die Jungen selbständig.

Nahrung

Hauptsächlich fängt er Insekten, nämlich Heuschrecken, Libellen und Falter, aber auch Eintagsfliegen, Wespen und Hummeln, ja sogar Mücken und fliegende Ameisen. Nur selten erbeutet der Rotfußfalke Kleinnager, kaum flügge Kleinvögel, Eidechsen und Lurche, die meistens an die Jungen verfüttert werden.

Jagdweise

Hauptsächlich jagt er vom Ansitz auf Telefonmasten und -drähten oder von einzelnen Bäumen aus. Insekten fängt er sowohl im Flug als auch auf dem Boden.

Abb. 121: Horst des Rotfußfalken mit Jungen und Altvogel (Li.)

Abb. 123: Merlin

4.31

Merlin

Falco columbarius Linnaeus, 1758

GB – Merlin	H – Kisólyom
F – Faucon émérillon	YU – Soko kragulčic
SU – Dierbnik	BG – Malik sokol
PL – Drzemlik	R – Şoimulęt pitic.
CS – Dřemlik obecný	S – Dvärgfalk
	NL – Smelleken

IN GESTALT, FLUGBILD UND WESEN ist er eine Miniatur des Gerfalken in beinahe zehnfacher Verkleinerung. Auch das geographische Verbreitungsareal beider Arten deckt sich in hohem Maß. Der Merlin ist einer der kleinsten unserer Falken. Das Männchen ist kaum größer als eine große Drossel. Der Merlin ist sehr schnell und fliegt oft dicht über dem Boden. Deshalb wird er nur selten gesichtet, wenn er auch ein ständiger Wintergast in Mitteleuropa ist.

Kennzeichen

Er ist ein spitzflügeliger, kompakter kleiner Falke (Abb. 122), der sich durch einen deutlichen Geschlechtsdimorphismus auszeichnet. Das Männchen ist bedeutend kleiner als das Weibchen. Es ist oberseits schiefergrau gefärbt und unterseits rostgelb und hat dort dunkle, längliche Flecken. Der Schwanz ist stahlgrau und hat eine breite schwarze Endbinde. Der Bartstreif ist nur wenig ausgeprägt. Das Weibchen wie auch die Jungvögel sind oberseits dunkelbraun gefärbt mit hellerer Querbänderung, unterseits dagegen weißlich bis beige mit kräftiger Längsstreifung (Abb. 123).

Abb. 122: Flugbild des Merlin – altes Männchen

Maße

Die Flügelspannweite der Männchen beträgt 55 bis 60, die der Weibchen 65 bis 70 Zentimeter. Das Körpergewicht der Männchen beträgt 150 bis 180, das der Weibchen 190 bis 250 Gramm.

Verbreitung

Der Merlin ist nur in Skandinavien, auf Island, in Großbritannien und dem nördlichen Teil der Sowjetunion Brutvogel.

Wanderungen

Aus den nördlichen Brutgebieten wandert er zum Überwintern nach Mittel- und Südeuropa.

Lebensraum

Der Merlin brütet in offenen, baumarmen Gebieten – in Heiden und Hochmooren, in der

Waldtundra, der nordischen Birkenzone und an der Küste. Wichtig für den Brutstandort ist ein gutes Nahrungsangebot, d. h. Kleinvögel. Auch durchziehende und überwinternde Merline bevorzugen offene Landschaften als Jagdgebiete.

Fortpflanzung

Der Horst befindet sich entweder am Boden in einer kleinen ausgescharrten Vertiefung, auf Felsen oder auch in Bäumen, dann aber in dem verlassenen Nest eines anderen Vogels. Auch Spechthöhlen und Brutkästen benutzt er als Brutstätten. Die Paare führen eine Saisonehe. Die Eier, nämlich drei bis sieben, werden von Mai bis Juni gelegt. Sie sind rostbraun und haben zahlreiche Flecken. Die Brutzeit dauert 28 bis 32 Tage, die Nestlingszeit ca. 30 Tage. Ebenso lange werden die Jungen dann noch von den Eltern geführt (Abb. 124).

Nahrung

Hauptsächlich erbeutet er Kleinvögel, nur selten Kleinnager.

Jagdweise

Er jagt in offenem Gelände. Meist fliegt er Pirschflüge dicht über dem Boden. Macht er dabei einen Vogel hoch, kommt es zu einer verbissenen Verfolgung. Gern sitzt er auch auf erhöhter Warte an. Erspäht er eine Beute, dann startet der Merlin in flachem Flug und versucht sie im Überraschungsangriff zu schlagen. Dem verfolgten Vogel nützt es nichts, sich in Todesangst auf den Boden zu werfen und regungslos liegenzubleiben – dies ist nur ein wirksames Manöver beim Angriff eines Baumfalken. Denn der Merlin schlägt seine Beute sowohl in der Luft als auch am Boden.

Abb. 124: Horst des Merlin mit Jungen und Altvogel (Zei.)

Abb. 126: Baumfalke

4.32

Baumfalke

Falco subbuteo Linnaeus, 1758

GB –	Hobby	YU –	Soko grlaš
F –	Faucon hobereau	BG –	Sokol orko
SU –	Tscheglok	R –	Soimul rândunelelor
PL –	Kobuz		
CS –	Ostříž obecny	S –	Lärkfalk
H –	Kabasólyom	NL –	Boomvalk

Der Baumfalke ist ein weiteres Beispiel für die enge Verwandtschaft eines kleinen Greifvogels mit einem größeren. Er ist ein verkleinerter Doppelgänger des Wanderfalken. Insbesondere im Jugendkleid sind sich beide Arten sehr ähnlich. Im Flug ist der Baumfalke jedoch, abgesehen von der Größe, auch durch die sehr schmalen, langen und spitzen Flügeln von ihm zu unterscheiden. Die Flügel erscheinen manchmal, ähnlich wie beim Mauersegler, sichelartig (Abb. 125). Um Mauersegler wie auch Schwalben erbeuten zu können, muß er ebensogute Flugfähigkeiten wie diese haben. Der Baumfalke ist ein exzellenter und perfekter Vogeljäger.

Kennzeichen

Das Federkleid beider Geschlechter ist einander ähnlich. Kopf und Oberseite des Körpers sind dunkel blaugrau. Die helle Kehle hebt sich gut von dem deutlichen, dunklen Bartstreif ab. Unterseits ist der Vogel weißlich bis rahmfarben und hat eine deutliche Längsstrichelung. Die Flügel sind dunkel. Unterschwanzdecken und Hosen sind rostrot. Füße, Wachshaut und Augenring sind gelb. Die Jungvögel sind oberseits

Abb. 125: Flugbild des Baumfalken

dunkel braungrau, unterseits hell und stärker als die Altvögel längsgestrichelt. Unterschwanzdekken und Hosen sind beige (Abb. 126).

Maße

Die Flügelspannweite der Männchen beträgt 70 bis 80, die der Weibchen 75 bis 85 Zentimeter. Die Männchen wiegen 150 bis 230 Gramm, die Weibchen 200 bis 250 Gramm.

Verbreitung

Der Baumfalke brütet in ganz Europa. Auf den Britischen Inseln kommt er nur in Südengland vor. Im Norden reicht sein Verbreitungsgebiet bis Mittelschweden, Zentralfinnland und etwa in gleicher geographischer Breite bis in die Sowjetunion. Überall ist er ziemlich bis ganz seltener Brutvogel.

Wanderungen

Er ist ein Zugvogel. Zusammen mit den Schwalben und anderen Kleinvögeln fliegt er schon Ende August bzw. im September weg und kehrt erst Ende April zurück. Er überwintert im tropischen Afrika südlich vom Äquator.

Lebensraum

Der Baumfalke kommt in lichten Wäldern, am liebsten in Kiefernwäldern vor, wo er aber meistens in der Nähe des Waldrandes brütet. Er besiedelt auch kleine Waldstücke inmitten der Feldmark, ja sogar Feldgehölze.

Fortpflanzung

Er wird nach zwei Lebensjahren geschlechtsreif, nur selten schon nach einem Jahr. Die Balzflüge sind sehr vielfältig und enden häufig mit der Beuteübergabe zwischen den Partnern. Als Horst dienen alte Raben-, Krähen- oder Elsternnester. Die Eier werden Ende Mai bis Anfang Juni gelegt, dies ist im Vergleich zu anderen Falken recht spät (Abb. 127). Das hat aber seinen biologischen Sinn. Denn auf diese Weise fällt die Zeit der Jungenaufzucht mit dem Populationsgipfel der Kleinvögel und dem damit bedingten guten Nahrungsangebot zusammen.

Nahrung

In der Hauptsache sind es Kleinvögel und fliegende Insekten. Unter den Vögeln werden vor allem Schwalben, Lerchen und Feldsperlinge erbeutet. Von Insekten, die zeitweilig bis zu 50% der Nahrung ausmachen, werden besonders gerne Libellen und größere Käfer gefangen, aber auch Schwärmer und andere Schmetterlinge, ja sogar Ameisen beim Hochzeitsflug und viele andere kleine Arten.

Jagdweise

Der Baumfalke ist ein äußerst schneller und geschickter Flieger, der bei großer Fluggeschwindigkeit im bevorzugten Überraschungsangriff sogar Schwalben fangen kann. Plötzlich erscheint er hinter einem Hausdach, einem Feldgehölz oder am Waldrand, um im Blitzflug seine Beute zu überrumpeln und zu fangen. Er stößt aber ebenso gern auch von oben aus der Luft auf sie herab. Insekten werden in langsamerem Flug gefangen, häufig in Höhen von 50 bis 80 Metern. Meistens verspeist der Baumfalke sie gleich in der Luft.

Abb. 127: Horst des Baumfalken mit Gelege (Li.)

Abb. 128: Eleonorenfalke – links helle Phase, rechts dunkle Phase

4.33

Eleonorenfalke

Falco eleonorae Géné, 1839

GB – Eleonora's falcon	H – Kormos sólyom
F – Faucon d'Éleonoro	YU – Soko mrki
SU – Tscheglok eleonory	BG – Tmien srediziem-nomnorski sokol
PL – Sokół skalny	S – Eleonorafalk
CS – Ostřiž jižni	NL – Eleonora's valk

Er ist ein in der Silhouette dem Baumfalken ähnlicher, aber größerer Falke, der nur im Mittelmeerraum vorkommt, und das nur auf den dortigen Inseln oder aber direkt an der Felsenküste. In seiner Lebensweise ist er genau an die dortigen Nahrungsverhältnisse angepaßt. Der Eleonorenfalke jagt in der Nacht oder in der ersten Morgendämmerung, wenn die meisten Kleinvögel über das Meer ziehen.

Abb. 129: Flugbild des Eleonorenfalken – dunkle Phase

Kennzeichen

Es gibt zwei Farbvarianten: eine dunkle Phase, bei der die Falken dunkel schiefergrau gefärbt sind, und eine helle Phase, bei der sie oberseits hell schiefergrau und unterseits bleich rostrot mit dunkler, sparsamer Längsstrichelung gefärbt sind. Kehle und Backen sind hier weiß und haben einen dunklen deutlichen Bartstreif. Wachshaut, Augenring und Fänge sind gelb (Abb. 128). Die Jungvögel haben ein insgesamt bräunlicheres Gefieder.
Das Flugbild ist dem des Baumfalken sehr ähnlich (Abb. 129).

Maße

Die Flügelspannweite beträgt 80 bis 90 Zentimeter, das Körpergewicht beträgt 400 bis 500 Gramm.

Verbreitung

Er lebt auf den Mittelmeerinseln und an der dortigen Felsenküste. Der Gesamtbestand dieser Falkenart wird auf etwa 4.000 bis 5.000 Paare veranschlagt.

Wanderungen

Der Eleonorenfalke ist ein Zugvogel, der während des Winters im östlichen Afrika Quartier macht.

Lebensraum

Er brütet auf felsigen, unbewohnten Inseln oder auch an unzugänglichen Steilküsten größerer Inseln.

Fortpflanzung

Der Eleonorenfalke bildet Brutkolonien, brütet am Boden zwischen kleinen Büschen, Steinen oder auch an offenen Stellen beziehungsweise in Felswänden mit Vertiefungen, kleinen Höhlen oder Simsen. Die Eiablage beginnt erst im Juli. Das Gelege besteht aus zwei bis drei (selten ein bis fünf) Eiern (Abb. 130). Die Jungen schlüpfen nach 28 bis 30 Tagen, also Mitte August. Ihre Aufzucht fällt in die Zeit des dann schon stattfindenden Zuges der Kleinvögel von Europa zu deren afrikanischen Winterquartieren.

Nahrung

Während der Brutzeit fängt der Eleonorenfalke hauptsächlich durchziehende Kleinvögel. Gelegentlich erbeutet er aber auch Kleinnager und Reptilien. Außerhalb der Brutzeit fängt der Eleonorenfalke vor allem Insekten.

Jagdweise

Aufgrund der spezifischen Umstände, d. h. der Jagd auf meistens in der Nacht ziehende Kleinvögel, warten die Falken im ersten Morgengrauen in größeren Höhen an und nutzen dabei den Meereswind, um beinahe auf der Stelle in der Luft stehen zu können. Von dieser Position aus fallen sie dann im Sturzflug auf unter ihnen fliegende, verspätete Nachtzieher herab und schlagen sie im schnellen Angriff. In etwas helleren Nächten wird dasselbe auch während der Nacht gemacht. Weht kein entsprechender Wind zum Anwarten, dann jagen sie im Spähflug tief über dem Wasser. Die ziehenden Vögel können sich nur schlecht durch Ausweichmannöver nach unten retten, da sie dabei ins Wasser fielen. Auch Insekten fangen die Eleonorenfalken meistens im Flug.

Abb. 130: Horst des Eleonorenfalken mit Gelege (Li.)

Abb. 132: Lannerfalke

4.34

Feldeggsfalke (Lanner)

Falco biarmicus (Temminck, 1825)

GB	Lannerfalcon	H	Feldeggssólyom
F	Faucon lanier	YU	Soko kraguljac
SU	srediziemno-morskij sokol	BG	Ryschdivoglav sokol
PL	raróg górski	R	Șóim cǎlǎtor
CS	Raroh jižni	S	Feldeggsfalk
		NL	Lanner valk

ER IST EINE AN SICH AFRIKANISCHE, dort recht häufig vorkommende Falkenart, die in Europa nur ganz selten brütet. Es gibt ihn in mehreren geographischen Rassen, von denen die in Europa und Transkaukasien lebende Form *F. biarmicus feldeggi* benannt worden ist.

Kennzeichen

Er ist ein schlanker Falke mit langen Flügeln, die ein recht breites Armteil haben und beim Kreisflug ziemlich abgerundet erscheinen können (Abb. 131). Das Federkleid ist insgesamt recht hell. Die Oberseite ist schiefergrau, die Unterseite beige. Sie hat einen rostfarbenen Schimmer. Der Kopf ist oberseits rostfarben, die Stirn jedoch fast schwarz. Der dunkle Bartstreif ist zwar nur schmal, aber dennoch gut auf der sehr hellen Wange zu sehen. Jungvögel sind etwas dunkler gefärbt und haben eine stärkere Längsstreifung auf der Brust (Abb. 132).

Maße

Die Männchen sind kleiner als die Weibchen. Ihre Flügelspannweite beträgt 80 bis 90 Zentimeter, ihr Körpergewicht 500 bis 600 Gramm.

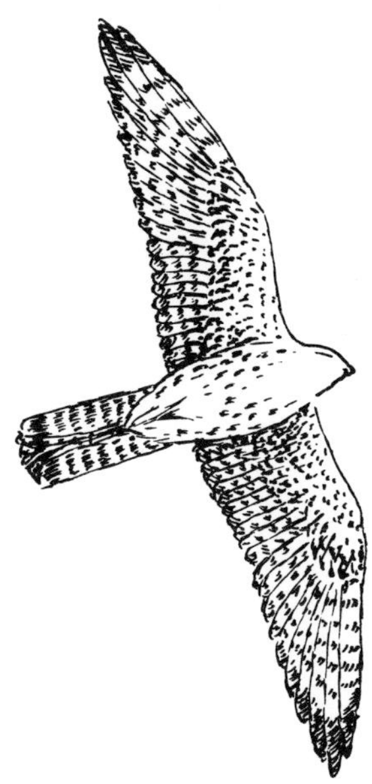

Abb. 131: Flugbild des Lannerfalken – Altvogel

Die Flügelspannweite der Weibchen reicht bis zu 100 Zentimetern, sie wiegen 700 bis 900 Gramm.

Verbreitung

Er brütet in Europa, und zwar selten in Italien und auf dem Balkan. Insgesamt gibt es wohl nicht mehr als 200 Paare.

Wanderungen

Der Feldeggsfalke ist Standvogel, wenn ein Teil der Jungvögel auch weit herumstreicht. Ganz selten werden Lannerfalken in Mitteleuropa gesichtet, wobei dies aber auch entflogene Beizvögel sein können.

Lebensraum

Er ist ein Bewohner von Felslandschaften, dies sowohl im Binnenland als auch an Meeresküsten.

Fortpflanzung

Der Horst steht am Felsen, in Nischen, auf überdachten Simsen und ähnlichen Plätzen. Häufig werden alte Nester anderer Vögel übernommen.
Die Eier sind braungelb oder hell rostrot und haben eine ziemlich starke, etwas dunklere Flekkung. Das Gelege besteht aus zwei bis vier Eiern. Die Eier werden im April bis Mai gelegt. Lannerfalken brüten 30 bis 34 Tage (Abb. 134). Die Nestlingszeit beträgt 40 bis 45 Tage. Weitere zwei Monate werden die Jungen noch von den Eltern geführt.

Nahrung

Überwiegend erbeutet er kleine bis mittelgroße Vögel (wie z. B. Dohlen, Rötel- und Turmfalken, Felsentauben, Kalanderlerchen). Kleinsäuger, Reptilien und Insekten bilden seine zusätzliche Kost.

Jagdweise

Aus dem Späh- oder Pirschflug heraus jagt er mittels schneller und wendiger Überraschungsangriffe auf fliegende Vögel. Häufig werden die Vögel auch aus dem Flug vom Boden aufgescheucht und dann gejagt. Etwas größere Beutetiere verfolgen die Feldeggsfalken zu zweit. Abwechseln greift mal das Männchen, dann wieder das Weibchen an. Das Beutetier wird durch diesen häufigen Wechsel abgelenkt und schließlich geschlagen.

Abb. 134: Horst des Lannerfalken mit Eiern (Pin.)

Abb. 137: Würgfalke

4.35

Würgfalke (Saker)

Falco cherrug Gray, 1834

GB –	Saker falcon	YU –	Soko golubaš
F –	Faucon sacre	BG –	Lovjen sokol
SU –	Baloban	R –	Şoim dunărean
PL –	Raróg	S –	Tatarisk jaktfalk
CS –	Raroh velký		
H –	Kerescsensólyom	NL –	Saker valk

DER SAKER war in früheren Zeiten in Europa ein besonders beliebter Beizvogel, was er seinen speziellen Eigenschaften zu verdanken hat. Er ist schnell und wendig im Flug, greift auch größere Beute an, er jagt und schlägt sowohl fliegende als auch laufende Beutetiere. Der Saker war einer der häufigsten Beizvögel der fürstlichen Falkenhöfe. Seinem wild lebenden Bestand in Europa hat das damals nicht geschadet. Heute noch besteht ein großes Interesse arabischer Falkner an diesem Beizvogel, von welchem alljährlich hunderte in Pakistan gefangen und an die arabischen Scheiche verkauft werden. Wie lange halten die zentralasiatischen Populationen dieses Greifvogels das wohl noch aus?

Abb. 135: Flugbild des Würgfalken – altes Männchen

Abb. 136: Flugbild des Würgfalken – junges Weibchen

Kennzeichen

Er hat lange sowie schmale Flügel und einen ziemlich langen Schwanz (Abb. 135, 136). Das ermöglicht einen nicht nur schnellen, sondern zudem sehr wendigen Flug, aufgrund dessen er sich vom Wanderfalken u. a. durch den stärkeren und etwas langsameren Flügelschlag unterscheidet. Das Federkleid des Altvogels ist oberseits lehm- oder rostbraun. Die Schwungfedern sind dunkler. Der Kopf ist weißlich und hat leichte bräunliche Längsflecken. Der für alle Falken typische Bartstreif ist nur wenig deutlich. Die Unterseite des Körpers ist weißlich und weist eine reichliche Längsfleckung auf. Die Jungvögel sind insgesamt etwas dunkler. Füße, Augenring und Wachshaut sind im ersten Lebensjahr graublau, später gelb (Abb. 137).

Maße

Es bestehen erhebliche Größenunterschiede zwischen den Geschlechtern. Die Männchen haben eine Flügelspannweite von 100 bis 110 Zentimetern und wiegen 700 bis 900 Gramm, bei den Weibchen beträgt die Spannweite 110 bis 120 Zentimeter, das Körpergewicht schwankt zwischen 900 und 1.200 Gramm.

Verbreitung

Er kommt als Brutvogel in den Balkanstaaten, in Ungarn, der Slowakei und im Südosten der ehemaligen Sowjetunion vor. Das gesamte Brutareal erstreckt sich aber auf weite Gebiete Zentralasiens bis nach China.

Wanderungen

Die europäischen Würgfalken überwintern gewöhnlich in der Nähe der Brutgebiete. Die Jungvögel neigen dazu, in der weiteren Umgebung herumzustreichen. Vereinzelt werden sie auch weiter westlich ihrer eigentlichen Verbreitungsgebiete gesichtet.

Lebensraum

Er lebt in hochstämmigen Wäldern, oft in der Nähe von Steppengebieten. In den Bergen brütet er im Felsgelände, aber auch in der Nähe von offenen Flächen. Er bevorzugt Karstgebiete.

Fortpflanzung

Der Horst wird entweder auf hohen Bäumen – in alten Nestern anderer großer Vögel – angelegt oder aber in Felswänden. Die Brutzeit beginnt im März. Das Gelege besteht aus drei bis fünf Eiern und wird in etwa 30 Tagen ausgebrütet (Abb. 138). Die Jungen sind nach 40 bis 45 Tagen flugfähig, verbleiben aber noch sechs bis acht Wochen in der Obhut ihrer Eltern.

Nahrung

Im Sommer jagen die Saker hauptsächlich Ziesel, aber auch andere Säugetiere bis zur Größe eines noch nicht ganz ausgewachsenen Hasen. Außerdem erbeuten sie kleine bis mittelgroße Vögel, die insbesondere im Winter ihre Hauptnahrung bilden.

Jagdweise

Jagdmethoden des Würgfalken sind Anwarten (Kreisen in der Luft), Pirschflug und Ansitz von erhöhten Warten. Der Jagdflug findet häufig direkt über dem Boden statt. Seltener greift er im wanderfalkenartigen Stoßflug von oben an. Wenn irgend möglich, wird der Überraschungsmoment ausgenutzt.

Abb. 138: Horst des Würgfalken mit Jungem und Altvogel (Li.)

Abb. 141: Gerfalke

4.36

Gerfalke (Jagdfalke)

Falco rusticolus (Linnaeus, 1758)

GB – Gyr falcon	YU – Soko pravi
F – Falcon gerfaut	BG – Goliam blagordjen sokol
SU – Krietschet	S – Jagtfalk
PL – Białozór	NL – Giervalk
CS – Sokol lovecky	
H – Sarki sólyom	

Er ist der grösste und stattlichste aller Falken. Seine Schönheit wird bei den arktischen Formen noch durch das weiße oder silbergraue Federkleid unterstrichen. Trotz seiner Größe ist er der schnellste und gewandteste Falke. Er vereinigt in sich die Eigenschaften eines Falken und eines Habichts, denn er schlägt seine Beute sowohl in der Luft als auch am Boden mit größtem Geschick. Alles dieses hat bewirkt, daß die Gerfalken in früheren Jahrhunderten Schmuckstücke der königlichen Falkenhöfe waren und für die gekrönten Herrscher jener Zeiten kostbare Geschenke bildeten. Man unternahm spezielle Expeditionen nach Island, Grönland und ins Eismeer, um von dort die Gerfalken zu holen. Bei den damaligen reichhaltigen Beständen bedeutete das keine echte Bedrohung für sie. Heute sind es schwerreiche arabische Ölscheiche, die in die Falknerei vernarrt sind und horrende Preise für Gerfalken zahlen. Das hat zur Folge, daß sich spezialisierte Schiebergruppen mit dem Raub und dem sehr einträglichen Schwarzhandel mit diesen jetzt schon sehr seltenen Vögeln befassen. Glücklicherweise gelingt es jedoch, diese Falken in Volieren zu züchten, so daß ein Großteil der für die Falknerei verwendeten Gerfalken aus der Zucht stammt.

Abb. 140: Flugbild des Gerfalken – junges Männchen

Abb. 139: Flugbild des Gerfalken – altes Weibchen

Kennzeichen

Im Flug ist er sowohl vom Wanderfalken als auch vom Saker recht leicht zu unterscheiden, da er bedeutend größer sowie kräftiger gebaut ist und breitere, nicht so spitze Flügel hat. Im Vergleich zum Wanderfalken besitzt er auch einen längeren Schwanz (Abb. 139, 140). Die nordeuropäischen Gerfalken sind oberseits schiefergrau gefärbt und haben helle Binden, unterseits weiß mit dunklen, tropfenförmigen Flecken. Die Schwungfedern sind dunkelbraun. Der Bartstreif ist an den ziemlich dunklen Kopfseiten nur undeutlich abgezeichnet. Die arktischen Gerfalken sind, wie schon gesagt, silbergrau oder ganz weiß. Sie haben dunkle Flügelspitzen. Jungvögel aller Farbphasen sind bedeutend dunkler als die Altvögel (Abb. 141).

Maße

Die Flügelspannweite der Männchen beträgt 110 bis 120 Zentimeter, die der Weibchen 120 bis 130 Zentimeter. Das Körpergewicht der Männchen beläuft sich auf 900 bis 1.200 Gramm, das der Weibchen auf 1.300 bis 2.100 Gramm.

Verbreitung

Er kommt lediglich in der Palearktik vor. In Europa findet man ihn als Brutvogel auf Island, in Norwegen, Nordschweden und Nordfinnland sowie auch im subarktischen und arktischen Teil der ehemaligen Sowjetunion.

Wanderungen

Er ist in Europa bedingt Standvogel. Je nachdem, ob er Nahrung vorfindet oder nicht, streicht er in der weiteren Umgebung umher oder zieht auch weiter nach Süden. Ganz selten wird er im Winter in Mitteleuropa gesehen.

Lebensraum

In den Brutgebieten zieht der Gerfalke die offene Tundra oder Waldtundra vor, er sucht aber auch steile Felsenküsten sowie breite Flußtäler auf.

Fortpflanzung

Der Horst befindet sich auf schwer zugänglichen Felsvorsprüngen oder in Felswänden, in der Waldtundra jedoch auch auf Bäumen, meistens in alten Rauhfußbussard- oder Kolkrabenhorsten. Das Gelege besteht aus drei bis fünf Eiern, die gelblichbraun gefärbt sind und eine dichte rostbraune Fleckung haben. Die Eiablage findet im April oder Anfang Mai statt. Die Brutzeit beträgt 34 bis 35 Tage, die Nestlingszeit währt 50 Tage (Abb. 142).

Nahrung

Seine Hauptbeute sind Schneehühner, in Küstengebieten aber auch viele Seevögel (Möwen, Lummen, Enten). Von Säugetieren stellen vor allem Lemminge zeitweilig einen großen Teil der Nahrung dar. Der Gerfalke erbeutet manchmal auch größere Säuger, wie z. B. Schneehasen.

Jagdweise

Im Spähflug in größerer Höhe patroulliert der Gerfalke das Jagdgebiet. Ein gesichtetes Beutetier fängt er in rasantem Verfolgungsflug, häufig im Steilstoß. Sogar im Flachflug, also ohne die Überlegenheit des Angriffes aus der Höhe nutzen zu können, holt er jeden Vogel ein. Gerne fliegt er auch Pirschflüge mit Überraschungsangriffen. Insbesondere beim Fang von Kleinsäugern jagt er auch vom Ansitz aus.

Abb. 142: Horst des Gerfalken mit Jungen und Altvogel (Zei.)

Abb. 145: Wanderfalke – Jungvogel

4.37

Wanderfalke

Falco peregrinus (Tunstall, 1771)

GB – Peregrine	YU – Soko sivi
F – Faucon pélerin	BG – Sokol skitnek
SU – Sapsan	R – Şoim călător
PL – Sokół wędrowny	S – Pilgrimsfalk
CS – Sokol stěhovavy	NL – Slechtvalk
H – Vándorsólyom	

Er ist ein perfekter Flieger sowie Vogeljäger. Außerdem ist er ausschließlich Ornithophage, also Vogelfresser, und somit Endglied einer der Nahrungsketten in der Natur. Der Wanderfalke ist ein hochspezialsierter Beutegreifer, was ihm schließlich auch zum Verhängnis wurde. Einst in Europa weit verbreitet, ist er heute in vielen Gebieten ausgestorben. Als Hauptursache dafür werden chemische Substanzen aus der Gruppe der chlorierten Kohlenwasserstoffe angesehen, die in der Landwirtschaft verwendet wurden. Sie vergiften die Umwelt, kummulierten sich über die Beutetiere im Organismus des Wanderfalken und zerstörten seine Fortpflanzungsphysiologie.

Kennzeichen

Erkennen kann man den Wanderfalken an seinem charakteristischen Flugbild, d. h. dem ziemlich gedrungenen, aerodynamisch geformten Körper, den langen und spitzen Flügeln, dem kurzen und schmalen Schwanz und auch den schnellen und kräftigen Flügelschlägen (Abb. 143, 144). Das Männchen ist wesentlich kleiner als das Weibchen. Das Federkleid ist jedoch bei beiden Geschlechtern beinahe gleich gefärbt. Altvögel sind oberseits stahlgrau und haben einen beinahe schwarzen Kopf und Vorderrücken. Die Unterseite ist weißlich bis rahmfarben mit dichter dunkler Querbänderung des Bauches, die auf Brust und Hals in spärliche Längsfleckung übergeht. Der schwarze Bartstreif hebt

Abb. 143: Flugbild des Wanderfalken – junges Männchen

Abb. 144: Flugbild des Wanderfalken – altes Weibchen

sich deutlich von den weißen Wangen ab. Der Schwanz ist stahlgrau und deutlich gebändert. Füße, Wachshaut und Augenring sind gelb. Die Jungvögel sind oberseits schwarzbraun, unterseits gelbbraun mit kräftigen dunklen Längsstreifen (Abb. 145, 146).

Maße

Die Flügelsspannweite der Männchen beträgt 95 bis 100, die der Weibchen 110 bis 120 Zentimeter. Die Männchen wiegen 550 bis 700, die Weibchen 800 bis 1.200 Gramm.

Verbreitung

Bis Ende der fünfziger Jahre besiedelte er noch beinahe ganz Europa, wenn auch überall nur als seltener Brutvogel. Gegenwärtig kommen nur noch in Spanien, auf Sardinien, in Schottland, in Süddeutschland sowie den Voralpengebieten der Schweiz und Frankreichs größere Bestände vor. In einigen anderen Gebieten brütet er äußerst selten. Die Größe des gesamten europäischen Bestandes kann dennoch auf etwa 5.000 Paare eingeschätzt werden. Dank zahlreicher, langjähriger Auswilderungen von Wanderfalken aus der Volierenzucht in Deutschland bildet sich gegenwärtig eine neue Brutpopulation dieser Vogelart in den verwaisten Mittelgebirgsräumen, einigen Städten und an der Nordseeküste.

Wanderungen

Die Altvögel sind weitgehend ansässig, erweitern aber im Winter ihr Jagdgebiet. Die Jungvögel streichen in verschiedener Richtung vom Geburtsort weg und werden in Entfernungen von mehreren hundert Kilometern geortet, ein Teil überwintert auch in Südeuropa. Nach Mitteleuropa wiederum kommen manchmal überwinternde Vögel aus dem Nordosten des Kontinents.

Lebensraum

Es gibt zwei verschiedene Formen, die sich nur in der Wahl des Horstplatzes und somit auch des Lebensraumes voneinander unterscheiden: Dies sind einmal die Felsbrüter, für welche die Anwesenheit von Felsenformationen oder auch hohen Bauwerken als Brutplatz unumgänglich ist, und

Abb. 146: Altvogel

Abb. 147: Horst des Wanderfalken mit Gelege (Li.)

zum anderen die Baumbrüter, die im Flachland große Waldkomplexe bewohnen. Beide Formen bevorzugen als Jagdgebiet offene Landschaften.

Fortpflanzung

In der Regel vermehren sich zweijährige Vögel erstmals. In Einzelfällen tun dies aber auch schon einjährige. Eingeleitet wird die Brutsaison durch Balzflüge. Das Paar kreist dabei in großer Höhe, wobei das Männchen im Sturzflug Scheinangriffe auf das Weibchen macht. Dieses wirft sich dabei im Flug auf den Rücken, und beide Vögel berühren sich mit den Fängen. Zum Balzzeremoniell gehört auch die Beuteübergabe in der Luft oder am Horstplatz. Der Horst befindet sich in Nischen oder auf Simsen an hohen Felswänden. Auch hohe Gebäude, wie z. B. Kirchtürme, Fabrikschlote, Hochhäuser, Burgruinen, alte Seezeichentürme am Meer und dergleichen werden benutzt. Im Flachland besetzen sie in großen Wäldern alte Greifvogel- oder Rabenhorste auf hohen Bäumen, brüten auch in Reiher- oder Kormorankolonien. Wanderfalken legen ihre Eier (zwei bis vier) im März oder April. Das Gelege wird hauptsächlich vom Weibchen, zwischendurch aber auch kurz vom Männchen bebrütet (Abb. 147). Die Brutzeit dauert 32 Tage, die Nestlingszeit etwa 40 Tage. Weitere zwei Monate werden die Jungen dann noch von den Eltern geführt.

Nahrung

Beinahe ausschließlich besteht die Nahrung des Wanderfalken aus kleinen bis mittelgroßen Vögeln. Die Beuteliste umfaßt nahezu 200 Vogelarten, deren Zusammenstellung von den örtlichen Verhältnissen abhängig ist. Tauben sind meist über 30% der Beute. Weitere 30% bilden Drosseln und Stare.

Jagdweise

Der Wanderfalke schlägt seine Beute ausschließlich in der Luft. Über den Hauptflugstrecken der Vögel wartet er in größerer Höhe an. Erscheint ein potentielles Beutetier im Gesichtsfeld des Falken, dann holt er es im schnellen Flug ein, ohne daß er dabei an Höhe verliert. Jetzt erfolgt die zweite Angriffsphase, in welcher er im rasanten Sturzflug, häufig mit angelegten Flügeln, also in Tropfenform, die Beute schlägt. Die Geschwindigkeit eines solchen Sturzfluges überschreitet manchmal 300 Stundenkilometer. Ist das Beutetier etwas größer, z. B. eine Taube, dann wird es nicht beim ersten Stoß gebunden (mit den Fängen gefaßt). Denn ein Zusammenstoß würde bei dieser Geschwindigkeit auch für den Angreifer schlimme Folgen haben. Der Falke fliegt also im Stoß nur ganz dicht an der Beute vorbei und streift ihren Körper mit den Fängen. Dieser Schlag ist aber dennoch so stark, daß die Taube tot oder schwer verwundet zu Boden fällt. Dort nimmt sie der Falke auf. Lebt die Beute noch, dann wird sie abgenickt (der Hals wird durchbissen). Der Wanderfalke wartet nicht nur wie beschrieben an, sondern sitzt auch auf hohen Felsen, Gebäuden, Masten oder Bäumen an. Von dort startet er, gewinnt schnell an Höhe und greift die erspähte Beute an. Fliegt der angejagte Vogel zu tief über dem Boden, versucht der Falke ihn durch Scheinangriffe höher in die Luft zu zwingen, wo er die Situation voll beherrscht.

5.

Ausgewählte Probleme der Biologie und Ökologie der Greifvögel

5.1

Die Fortpflanzung

Artbedingt pflanzen sich die Greifvögel in verschiedenem Alter fort. Es bestehen hier jedoch gewisse allgemeine, mit der Körpergröße verbundene Abhängigkeiten. Große Vögel, wie z. B. Steinadler, Seeadler oder Geier, vermehren sich erst ab dem sechsten Lebensjahr, etwas kleinere Arten, also Schreiadler und Fischadler, im vierten oder fünften Lebensjahr. Mittelgroße Arten, wie Mäusebussard, Milane, Habicht oder Wanderfalke, vermehren sich ab zweiten bis vierten Lebensjahr, Kleinfalken und Sperber schon im zweiten Lebensjahr. Das hängt auch mit der jeweiligen Lebensdauer zusammen. Große Greife leben dreißig und mehr Jahre, kleinere dagegen nur einige Jahre, sie sterben also frühzeitiger als große. Um diese Verluste auszugleichen, müssen sie eine entsprechend höhere Vermehrungspotenz besitzen. Von Bedeutung ist in diesem Zusammenhang auch die Populationsdichte, die unter normalen Verhältnissen bei den großen Greifen weit geringer ist als bei mittelgroßen und kleinen Arten. Und so wäre es z. B. biologisch unsinnig, wenn der Seeadler sich schon im zweiten Lebensjahr fortpflanzte und, analog zu den kleinen Greifen, fünf bis sechs Junge jährlich aufzöge. Ein solch großer Zuwachs des Bestands würde das ökologische Gleichgewicht empfindlich stören, da dieser Vogel sehr große und dazu noch spezifische, individuelle Lebensräume für sich beansprucht.

Diese generelle Gesetzmäßigkeit ist jedoch nicht allgemeingültig, sie hat vielmehr ihre Ausnahmen. Manche Greifvögel können sich früher fortpflanzen, als es artgemäß die Regel wäre. Wenn z. B. infolge einer Naturkatastrophe die Siedlungsdichte des Brutbestandes stark verdünnt worden ist, findet man beim Habicht relativ viele Rothabichte (einjährige Vögel), die sich schon vermehren. Ähnlich wird es auch bei anderen Arten sein, was jedoch infolge des meistens kaum zu unterscheidenden Gefieders von alten und jungen Vögeln sehr schwer kontrollierbar ist. Bei normalen Dichteverhältnissen ist für diese Jungvögel in der Brutpopulation einfach kein Platz. Charakteristisch für die sich in Deutschland durch Auswilderungen von gezüchteten Vögeln bildende Wanderfalkenpopulation ist es beispielsweise, daß relativ viele Brutpaare beobachtet werden, bei denen einer der Partner ein einjähriger Rotfalke ist (Kleinstäuber, mündlich, Saar u. a. 1982, 1986). Bruterfolg haben diese Paare häufig noch nicht, und das Sich-Paaren von Altvögeln mit Jungvögeln ist einzig durch den derzeitigen Mangel der ersteren im Bestand zu erklären.

Die Fortpflanzungsperiode der Greifvögel ist in verschiedenen Phasen aufgeteilt, die bei allen Arten etwa die gleichen sind. Es fängt mit dem Besetzen des Horstfeldes und der Balz an, dann folgen Aussuchen des Horstplatzes und Bau des Horstes (bei allen Arten, die einen solchen anlegen). Anschließend werden die Eier gelegt und das Gelege bebrütet, die Jungen im Horst aufgezogen und nach dem Verlassen des Horstes weiter betreut.

Das Horstfeld. Es handelt sich hierbei um ein Gebiet, in welchem sich der Horst befindet und das aktiv durch das Brutpaar verteidigt wird. Zudem ist es ein Areal, in dem während der Brutzeit andere Individuen der gleichen Art nicht geduldet werden. Nach Brüll (1977) bestehen folgende Kriterien, aufgrund derer die

Grenzen des Horstfeldes ermittelt werden können: vorzufindende Rupfungen und Beutereste, Mauserfedern, die unter Ruhe- und Wachbäumen liegen, sowie die unbehelligten potentiellen Beutetiere, die in diesem Raum leben und ihre Jungen aufziehen. Das Horstfeld ist also auch eine Zone, in der keine Beute gemacht wird. Die Greifvögel weisen eine ganzjährige, mehr oder weniger stark ausgeprägte Bindung an das Horstfeld auf. Sie finden sich dort auch außerhalb der Brutzeit ein und verbleiben manchmal sogar auf dem Horst, der meistens zentral im Horstfeld gelegen ist. Bei wandernden Arten erscheint im Frühjahr gewöhnlich das Männchen zuerst. Mit Balzrufen verkündet es seine Anwesenheit und erwartet die Ankunft des Weibchens, beziehungsweise lockt ein neues Weibchen an, falls die vorherige Partnerin umgekommen ist. Umgekommen sein könnte natürlich auch das Männchen. In einem solchen Fall interessiert sich dann meistens ein anderer männlicher Vogel für das noch nicht besetzte Horstfeld.

Abb. 148: Schematische Darstellung der Balzflüge einiger Greifvogelarten

a – Rohrweihe

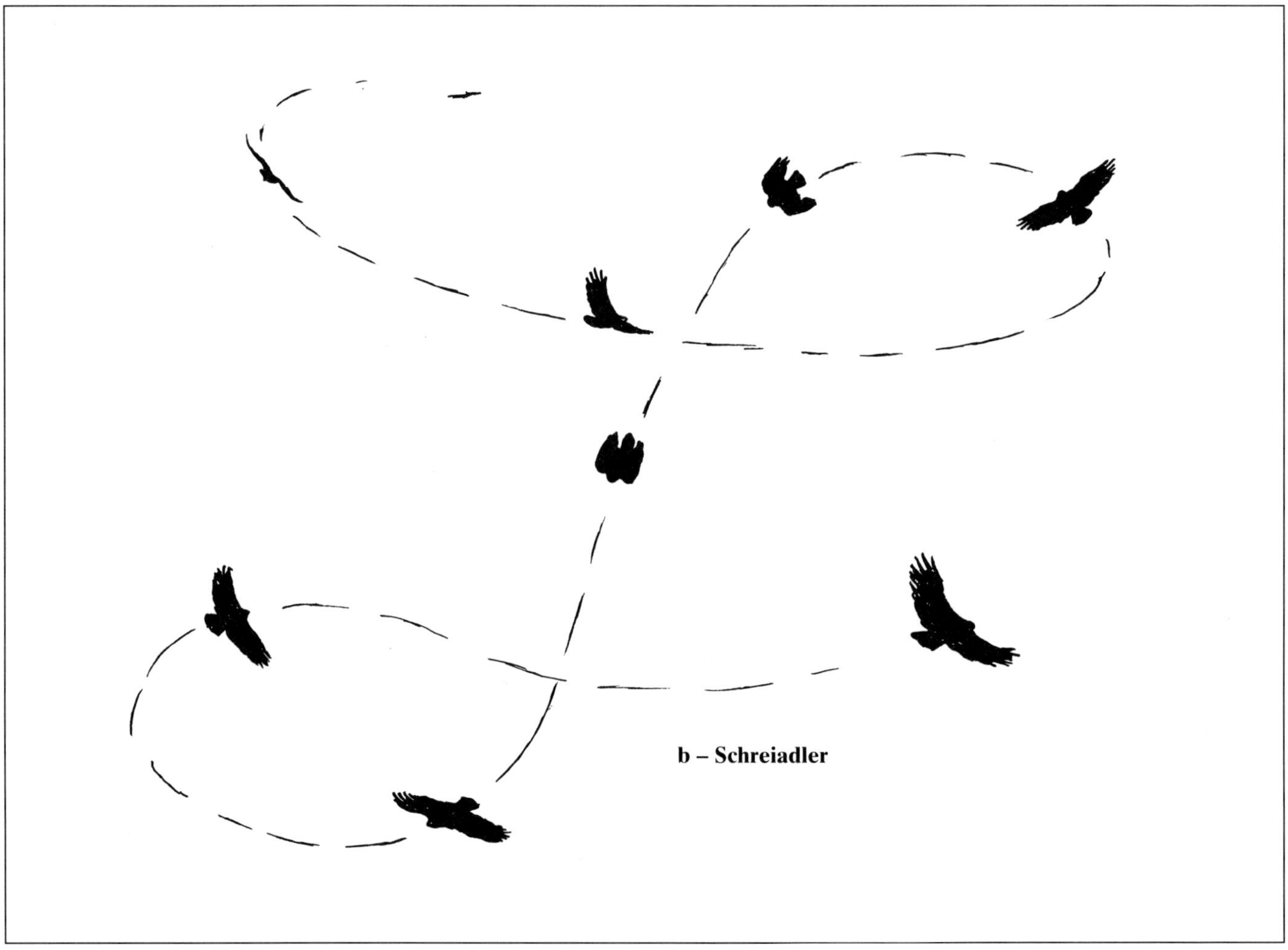

b – Schreiadler

c – Mäusebussard

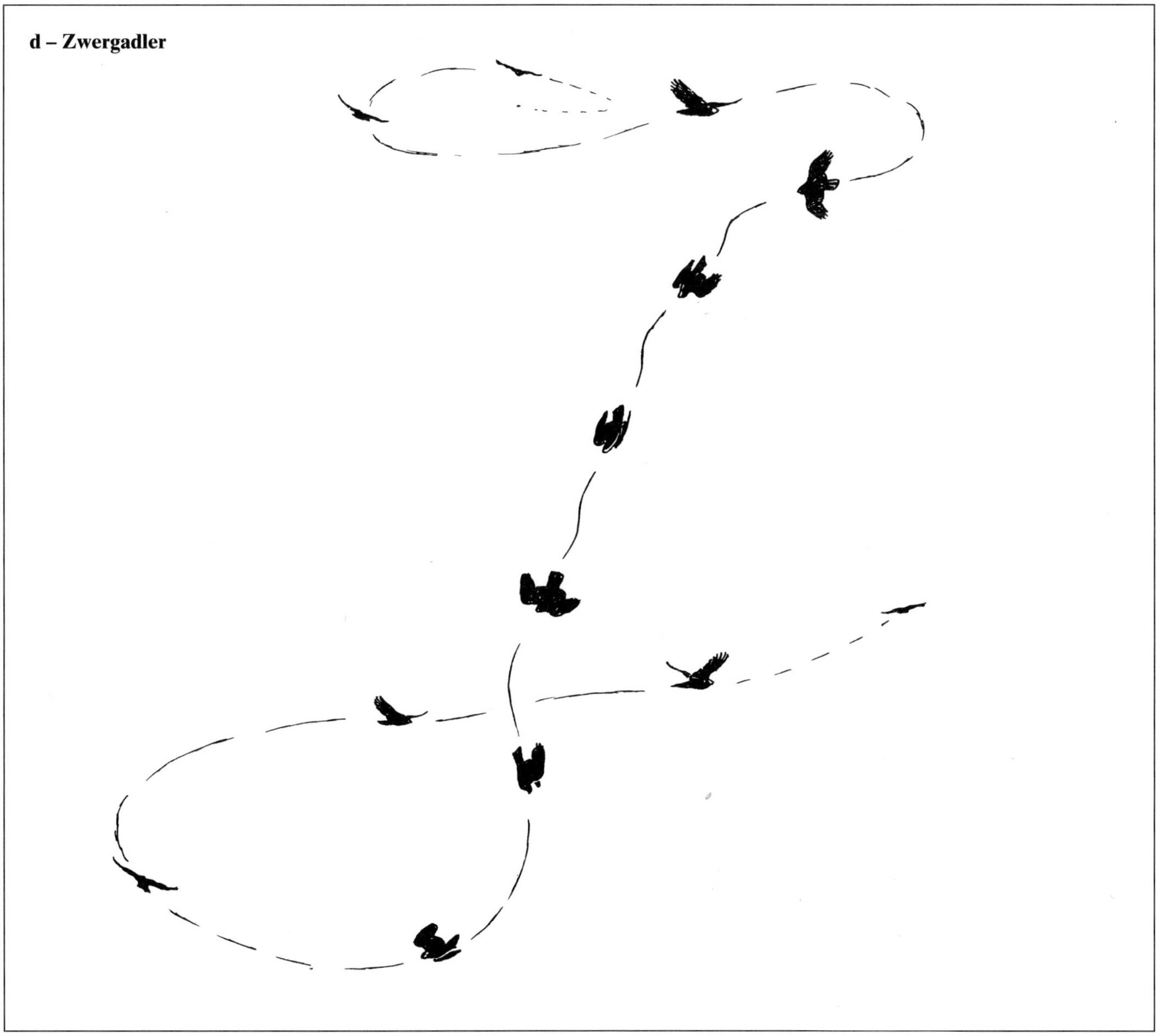
d – Zwergadler

Die Balz. Zum Balzverhalten der Greifvögel gehören bei einigen Arten u. a. das demonstrative Spreizen von verschiedenen Gefiederteilen, z. B. der Unterschwanzdecken, wie auch spezifische Körperstellungen und -bewegungen. Bei den meisten Arten kommt es während der Balz zu verstärkten Lautäußerungen. Alle Arten demonstrieren und stimulieren die Balz durch spezifische Balzflüge, häufig in Kombination mit Balzrufen. Die einfachste Form der Balzflüge sind Segel- oder Wellenflüge eines oder auch beider Partner. Manche Arten führen mehr akrobatisch Flüge vor. Das sind Segel- oder Ruderflüge, die mit Sturzflügen und jähem Emporschießen, Purzelbäumen, Drehen um die eigene Achse, freiem Herunterfallen und anschließendem Aufschwingen durchflochten sind (Abb. 148). Das Balzverhalten ist dann am intensivsten, wenn die Geschlechtspartner bereits zusammengefunden haben und nun gemeinsam ihrer sexuellen Erregung in Flugspiel und Ruf Ausdruck verleihen. Zum Balzflug-Repertoire mancher Arten gehören auch Scheinangriffe der Männchen auf die Weibchen. Beim Seeadler z. B. wirft sich das Weibchen dabei im Flug auf den Rücken und streckt die Fänge aus. Manchmal verklammern sich die Partner dabei miteinander und lassen sich aus großer Höhe heruntertrudeln, trennen sich jedoch vor der Bodenlandung und schwingen sich wieder in die Lüfte empor (Abb. 149). Zum Balzverhalten der Falken gehört ein gegenseitiges Verbeugen der Partner am Horst und die zeremonielle Beuteübergabe, ja sogar gegenseitiges Füttern. Dieses Übergeben von Beute ist jedoch auch bei anderen Greifvögeln bekannt. Ist es doch die Anfangsphase der späteren routinemäßigen Beuteübergabe des Männchens, die während der Balz zur gegenseitigen Abstimmung der Brutbereitschaft beider Partner dient. Das Balzverhalten dient schließlich dazu, die Anwesenheit des Paares im Horstfeld zu demonstrieren. Bei manchen Arten kommt es auch außerhalb der Fortpflanzungszeit zur Balz. Der Grund für diese sogenannte Herbstbalz ist noch unbekannt. Nicht immer wird sie ausschließlich von den Brutpaaren abgehalten. Und sie findet auch nicht durchweg in der Nähe des Horstfeldes statt.

Abb. 149: Seeadler – Balzspiele in der Luft

Der Horst. Während der Balzzeit wird auch der Horst gebaut. Mit Ausnahme der Falken sind alle europäischen Greifvögel in der Lage, ein eigenes Nest zu bauen. Am häufigsten wird es in einem Baum angelegt, seltener in Felsnischen, im Schilf oder direkt auf dem Boden. In manchen Fällen bilden alte Nester anderer Vögel die Horstgrundlage. Viele Horste, insbesondere jene großer Vögel, werden etliche Jahre hintereinander benutzt und jedes Jahr nur ausgebessert. Dadurch erreichen sie schließlich eine gewaltige Größe. Adler, gelegentlich auch andere Arten, haben mehrere Horste, die abwechseln benutzt werden. Einer der Gründe, die die Vögel an einen bestimmten Horst binden, ist der im Vorjahr hier erzielte Bruterfolg. Über die Bindung an den Horst entscheidet auch die dort vorhandene Sicherheit, der Grad von Beunruhigungen des Brutpaares am Horst, aber natürlich auch die im Horstfeld stattfindenden Umweltveränderungen. Nach Brüll (1977) könnte der Horstwechsel auch diesen Grund haben: Während der Brutzeit und Aufzucht der Jungen finden sich Flöhe, Milben und andere Schmarotzer im Horst ein. Deren Überwinterungsformen verbleiben dort bis zum nächsten Jahr. Im nächstes Jahr sind diese Ektoparasiten, die für die Greifvögel unbequem, ja sogar gefährlich sind, nicht sofort da, wenn die Greife einen anderen Horst als im Vorjahr benutzen.

Kleine und mittelgroße Greifvögel bauen oft jedes Jahr einen neuen Horst, wenn möglich je-

doch in der Nähe des alten Horstplatzes. Der Sperber benutzt in der Regel seinen Horst nur einmal. Aus dünnen Zweigen gebaut, wird er im Winter weitgehend zerstört. Und somit ist es für ihn einfacher, einen neuen Horst zu bauen als den alten zu erneuern. Das Gleiche gilt für die Weihen, deren einfacher Bodenhorst immer nur für ein Jahr dient. Manche Horste werden gebaut, dann aber nicht benutzt. Die Ursachen hierfür sind nicht bekannt. Wahrscheinlich hängt all das einerseits mit starken Störungen in der Horstnähe zusammen, andererseits aber auch mit der individuell verschiedenen Baufreudigkeit der Vögel.
Den Horst bauen meistens beide Partner zusammen, wenn auch die Weibchen gewöhnlich dabei aktiver sind. Beim Seeadler nimmt allerdings das

Abb. 150: Seeadlerhorst auf einer Kiefer

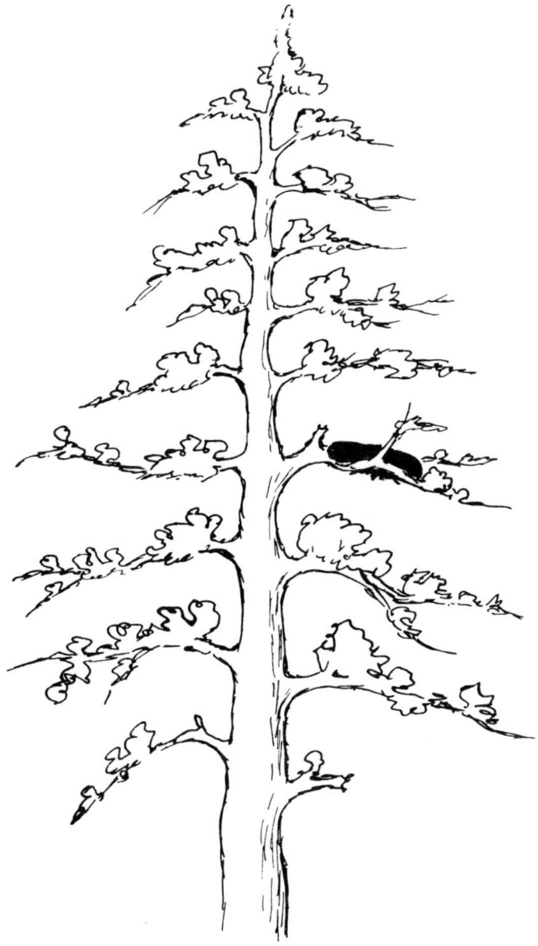

Abb. 151: Horst des Mäusebussards

Männchen die Hauptarbeiten des Horstbaues auf sich.
Für die Wahl des Horstplatzes ist natürlich vor allem entscheidend, daß ein entsprechender Baumbestand beziehungsweise Felsformation vorhanden ist. Wichtig sind jedoch günstige Anflugmöglichkeiten. Daher errichten etwa die großen Adler ihre Horste meistens in der Wipfelzone alter Bäume. Wenn die Horste tiefer liegen, dann befinden sie sich lediglich im lichten Altholz oder am Rande eines Bestands (Abb. 150). Milane und Bussarde, gewandtere Flieger, bauen ihre Horste in verschiedenen Zonen der Baumkronen (Abb. 151). Der Habicht baut seinen Horst in der mittleren Kronenzone und streicht zu ihm innerhalb der Stammzone oder auch flach über dem Waldboden (Abb. 152). Gerne benutzt er dabei Schneisen, Waldwege,

Abb. 152: Horst des Habichts

Gräben und Wasserläufe. Das gleiche gilt auch für den Sperber, dessen Horst meistens im Stangenholz, in nur sechs bis zehn Meter Höhe, angelegt wird. Horste des sehr anpassungsfähigen Mäusebussards sind auch schon auf Kopfweiden, Feldscheunendächern, Heu- oder Strohschobern, Hochsitzen und sogar auf Fasanenschütten gefunden worden. Der Fischadler benutzt in letzter Zeit, vielleicht aus Mangel an natürlichen Horststandorten, immer häufiger Hochspannungsmasten als Horstplattformen (Abb. 153). Für die bodenbrütenden Weihen ist bei der Wahl des Horststandortes die Deckung entscheidend. Um den Horst herum muß eine entsprechend breite und dichte Schutzzone aus Schilf, Weidengebüsch oder dergleichen vorhanden sein. Heutzutage erfüllen auch große Kornfelder immer öfter diese Schutzfunktion.

Ideale Plätze für den zukünftigen Horst gibt es verschiedene. Das können Verzweigungen des Baumstammes oder seiner Äste sein, flächige Astquirle oder Astflächen von Nadelbäumen, Hexenbesen, sowie schon vorhandene alte oder auch neue Nester anderer größerer Vögel. Die Struktur eines Greifvogelhorstes besteht aus folgenden drei Schichten: Eine äußere Schicht aus Knüppeln und stärkeren Ästen ist Grundlage und Außenrand, dann kommt die aus dünnen Zweigen gebaute Unterlage der Nestmulde und schließlich die eigentliche Mulde – je nach Greifvogelart aus feinen Reisern, Nadel- oder Laubholzzweigen, Grasbüscheln oder feiner Baumrinde geformt. Milane benutzen auch Lumpen, Papier und Plastikfetzen (Abb. 154). Manche Arten legen den Horstrand mit grünen Zweigen aus. Wenn sie durch den Schmelz der Nestlinge und durch Atzungsreste verschmutzt sind, werden sie von den Altvögeln ausgewechselt. Diese laufend frische „Begrünung" des Horstes hat also auch einen hygienischen Grund.

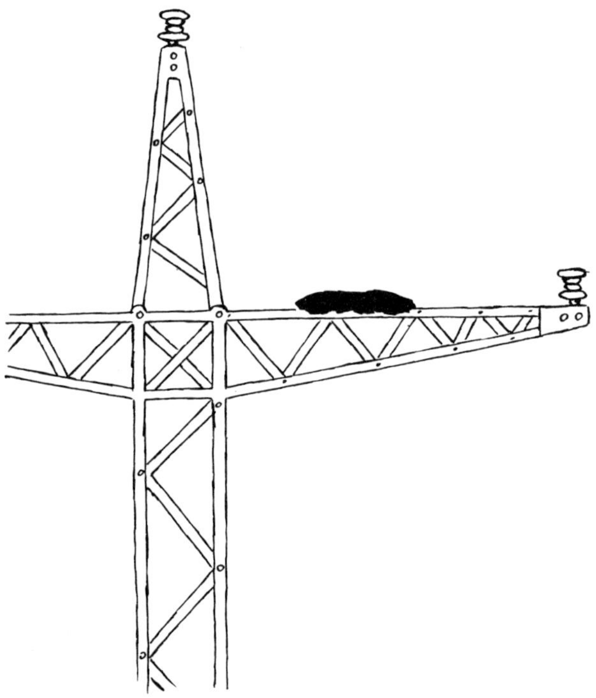

Abb. 153: Fischadlerhorst auf einem Hochspannungsmast

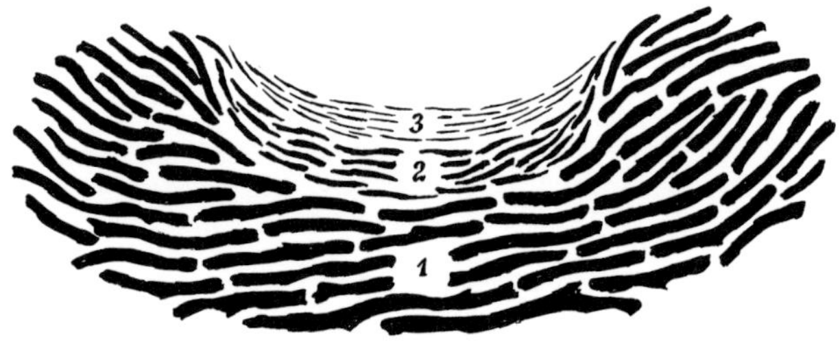

1 – äußere Schicht als Grundlage und Außenrand
2 – Unterlage der Nestmulde
3 – Nestmulde

Abb. 154: Konstruktion eines Greifvogelhorstes

Abb. 155: Wespenbussard am Horst mit Jungen, die etwas schlampige Bauweise ist zu erkennen (Li.)

Die Größe und Stärke der Horste ist bei den baumbrütenden Arten recht unterschiedlich. So errichtet der Wespenbussard relativ kleine und ziemlich nachlässig gebaute Horste (Abb. 155). Deren Boden ist bisweilen durchsichtig, so daß dann sogar von unten die Eier zu sehen sind. Ähnlich schlampig ist auch der Horst des Schlangenadlers. Große und solide Horste bauen die Adler und der Habicht. Aber man findet auch bei ein und derselben Vogelart Horste von verschiedener Bauart und Festigkeit. Es gibt Habichtshorste, die richtigen „Festungen" gleichen und auch solche mit wackeliger Baukonstruktion. Noch deutlicher treten solche Unterschiede bei den Horsten des Mäusebussards auf.
Lediglich die Falken bauen keinen Horst. Sie besetzen die Nester anderer Vögel, ohne diese mit neuem Nestmaterial auszubessern. Sie benutzen auch Plattformen in Felsnischen oder auf hohen Gebäuden. In der dort vorhandenen, meistens dürftigen Horstunterlage wird eine kleine Vertiefung ausgescharrt, die als Nestmulde dient. Manche Falkenarten besetzen Baumhöhlen und vom Menschen aufgehängte Nistkästen. Die nordischen Arten brüten bisweilen auf dem Erdboden.

Paarung, Eiablage und Brut. Der Fortpflanzungszyklus beginnt mit der Befruchtung der Eier. Kopulationen können schon zur Zeit des Horstbaues stattfinden, aber auch noch dann, wenn schon die ersten Eier gelegt worden sind. Der minimale Zeitabstand zwischen einem Tretakt und dem Legen des befruchteten Eies beträgt bei den Greifvögeln zwei Tage. Er kann sich auf maximal zehn Tage hinausziehen. Die Greife kopulieren meistens mehrfach. Aufgrund von Beobachtungen in der Volierenzucht scheinen Greife individuell unterschiedlich oft zu kopulieren. Beim Tretakt springt das Männchen auf den Rücken des Weibchens oder landet dort auch aus dem Flug. Natürlich benutzt es nicht seine Fänge, um sich festzuhalten, sondern hockt auf den Fersen und stützt sich dabei auf den etwas gelockerten Flügeln des Weibchens ab. Dieses ermuntert das Männchen zum Tretakt. Es beugt sich nach vorne, nimmt eine waagerechte Stellung ein, spreizt leicht die Flügel und läßt lockende Laute ertönen. Den Schwanz wendet es zur Seite, um die Vereinigung der Kloaken zu ermöglichen (Abb. 156).
Die Eier werden gewöhnlich in zwei- bis dreitägigen Abständen gelegt. Bei den großen Arten können die Zeitabstände auch länger sein. Die Greifvögel beginnen mit der Brut nach der Ablage des ersten, zweiten oder auch des letzten Eies ihres Geleges. Bei manchen Arten hockt das Weibchen nur auf den ersten Eiern, ohne ihnen die volle Körpertemperatur abzugeben. Das noch nicht vollständige Gelege wird somit vor zu tiefen Außentemperaturen geschützt, die im Frühjahr sogar Minuswerte aufweisen können.

Abb. 156: Kopulation eines Wanderfalkenpaares in der Voliere (Sa.)

Gleichzeitig wird durch diese Verzögerung der Inkubation der aneinander angeglichene Schlupftermin aller Jungen gesichert. Außerdem geschieht dies auch in der letzten Phase der Brut, wenn das Piepsen der Jungen in den Eiern mit fortgeschrittener Inkubation die Entwicklung der etwas späteren Embryonen beschleunigt.
So werden z. B. die fünf Eier des Sperbers im Laufe von acht Tagen gelegt, wogegen die Jungen innerhalb von drei Tagen schlüpfen. Aufgrund der Volierenzucht des Wanderfalken ist bekannt, daß ein Vierer-Gelege in neun Tagen vollzählig ist, die Jungen dagegen innerhalb von nur vier Tagen schlüpfen. Das ist ein für das Schicksal der Nachkommen ungemein wichtiger Mechanismus, denn zu große Unterschiede im Alter und somit in der Größe und im Entwicklungsgrad der Jungen sind für die zuletzt Geborenen eine wesentliche Benachteiligung: Bei eventuellem Nahrungsmangel in der Fütterungsperiode erhalten nämlich nur die größeren und stärkeren ihren Teil – die schwachen Jungvögel gehen ein. Dabei kommt es sogar vor, daß sie an ihre stärkeren Geschwister verfüttert werden. Diese Erscheinung ist recht häufig bei Arten mit großem Gelege, etwa bei Weihen und beim Sperber.
Das Gelege bebrüten (mit Ausnahme von Sperber und Weihen) sowohl Weibchen als auch Männchen. Das Weibchen übernimmt jedoch den Hauptteil. Es wärmt das Gelege während der ganzen Nacht und vieler Tagesstunden. Insgesamt macht das bis zu 85% der Bebrütungszeit aus. Im Laufe des Tages wird es zwei-, dreimal vom Männchen für kurze Zeit abgelöst. Das Weibchen ist mit einer besonders ausgeprägten „Bruttasche" ausgerüstet – einer stark mit Körperfett unterlagerten, nackten Bauchpartie, um welche herum das Bauchgefieder eine Art Tasche bildet. Diese Bruttasche wird von dem sich auf das Gelege setzenden Vogel gewissermaßen um die Eier herumgeschüttet. Auf diese Weise wird für alle Eier eine gleichmäßige Bruttemperatur gesichert.
Von allen Vögeln benötigen die Greife wohl die längste Brutzeit. Bei den Geiern überschreitet sie 50 Tage, bei den Adlern beträgt sie mehr als 40 Tage und beim Habicht 38 Tage. Am kürzesten, lediglich etwa 30 Tage, ist die Brutdauer bei den Kleinfalken.

Abb. 157: Schreiadler-Junges mit „Eizahn" auf dem Oberschnabel (Ki.)

Die Nestjungen. Der Schlupfakt der Jungen dauert ein bis drei Tage. Mit Hilfe des „Eizahnes", eines kleinen Dorns auf dem Oberschnabel, pickt das Junge die Eischale an, wodurch die lebensnotwendige Luft in das Innere des Eies gelangt (Abb. 157). Anschließend perforiert das Junge die Eischale rund um den mehr stumpfen Pol des Eies. Dann zersprengt das Junge die Eischale längs der Perforierung durch Druckstöße mit dem Rücken – und schlüpft. Anfangs ist es völlig unbeholfen. Es kann weder auf den Beinen stehen, noch den großen Kopf hochhalten. Die Augen sind halb geschlossen. Sein Federkleid besteht aus seidigen, meist weißen Daunen. Nach sechs bis sieben Tagen wird dieses durch weitere, wolligere und dickere Daunen verdichtet. Die Daunenphase umfaßt etwa ein Drittel der gesamten Wachstumszeit der Jungen, die von Tag zu Tag aktiver werden und im Horst auf Bauch sowie Fersen herumrutschen. Auch entwickelt sich bei ihnen eine Reflexhandlung. Sie nähern sich zwecks Darmentleerung dem Horstrand, um von dort aus den Schmelz über den Rand hinaus zu verspritzen und somit den Horst nicht zu verschmutzen. Jedoch sind die Jungen weiterhin ziemlich unbeholfen und brauchen die volle Betreuung der Eltern, von denen übrigens immer ein Tier im Horst oder in dessen Nähe verweilt.
Die Jungen werden von den Eltern, meistens vom Weibchen, gefüttert, welches die vom

Abb. 158: Junge Mäusebussarde im Horst (Pin.)

Männchen zugetragende Atzung zerkleinert und die besten Bissen den Jungen anbietet. Die Eltern hudern und wärmen die Nestlinge, sie schützen sie vor Regen und übermäßiger Sonnenbestrahlung.

Je nach Vogelart - bei den kleinen etwas früher als bei den großen – beginnt das eigentliche Federkleid im Alter von zwanzig bis dreißig Tagen zu wachsen. Es zeigen sich die Spitzen der schnell wachsenden Schwingen der Flügel sowie der Stoßfedern des Schwanzes; langsam wachsen auch die Deckfedern heran. Füße und Schnabel haben alsbald ihre endgültige Gestalt.

In dieser Zeitspanne nehmen die Nestlinge schon selber die angetragene Atzung auf. Sie beanspruchen auch nicht mehr die Dauerpflege der Eltern und werden immer häufiger allein im Horst zurückgelassen (Abb. 158). Das hängt auch damit zusammen, daß nun das Weibchen sich ebenfalls am Beutemachen beteiligen muß, um die ganze Familie genügend mit Atzung zu versorgen.

Endlich sind die Nestlinge voll befiedert. Lediglich die Schwingen und der Schwanz sind noch nicht ganz entwickelt.

Die jungen Vögel sind jetzt sehr bewegungsaktiv, schlagen mit den Flügeln, balancieren auf dem Horstrand und treten auch auf nahe Äste außerhalb des Horstes hinüber. Die Nestlingszeit geht zu Ende.

Kainismus – Brudermord: Ein interessantes Phänomen in der Brutbiologie der Adler der Gattung Aquila und vor allem des Schreiadlers ist es, daß regelmäßig das zweite Junge wenige Tage nach dem Schlüpfen stirbt und spurlos verschwindet. Der Sinn dieses eigenartigen und unnatürlich anmutenden Vorganges ist bis heute noch nicht ganz geklärt. Der Tod des einen Geschwisters resultiert aus dem aggressiven Verhalten, dem Abdrängen bei der Fütterung und beim Hudern, ja sogar Verletzen durch das ältere Geschwister – daher auch die von der biblischen Erzählung abgeleitete Bezeichnung dieser Erscheinung. Die Schreiadlereltern sehen erstaunlicherweise diesem Terror im Horst völlig uninterressiert zu und ziehen aus diesem Grund immer nur ein Junges auf. Bei Stein- und Kaiseradlern, die zum Teil auch drei Eier pro Gelege haben, ist der Kainismus zwar nicht die Regel, kommt aber vor. Dann bleiben manchmal auch nur zwei oder ein Junges am Leben. Eine Verminderung der Greifvogeljungen im Horst findet gelegentlich auch bei anderen Greifvogelarten statt, ist hier aber vor allem durch eine bei Nahrungsmangel erfolgte Unterernährung der jüngsten und somit schwächsten Geschwister zu erklären.

Der Bettelflug. Eines Tages verlassen die Nestlinge den Horst. Die ersten Flüge sind unbeholfen und enden auf dem nächsten Baum, Felsvorsprung oder auch auf dem Boden. Mit dem Horst sind jedoch die Jungvögel auch weiterhin verbunden und versuchen, zu ihm zurückzukehren. Im Laufe der Zeit verlängern sich ihre Flüge. Sie fliegen hinter den Eltern her und fliegen ihnen bei deren Rückkehr mit Beute entgegen. Bei den meisten Arten sind die Jungvögel in dieser Bettelflugperiode sehr rufaktiv. Sie geben laute Bettelrufe von sich, die ein Signal für ihre Eltern sind. Die Rufe sichern sie auch davor, in der für sie noch unbekannten Umgebung verloren zu gehen. Bei Arten mit wenig lautstarken Bettelrufen, wie z. B. beim Seeadler, kann es in dieser Entwicklungsphase der Jungen zu Verlusten kommen. Relativ häufig sind in Polen Fälle, in denen der junge Seeadler beim ersten Flug irgendwo am Boden in den Brombeeren oder Brennesseln landet, dort von den Eltern nicht gefunden wird. Er kann sich selbst nicht wieder auf einen Baum schwingen – was besonders bei nassem Gefieder passiert –, entfernt sich zu Fuß immer weiter vom Horst und ist schließlich verloren. Nur der Mensch kann ihn dann noch retten, wenn er ihn zufällig im Wald findet.

Zur gleichen Zeit lernen die Jungvögel das Beutemachen. Wenn irgend möglich, nehmen sie dazu Lehrstunden bei den Eltern. Die Ornithologen waren der Ansicht, daß dies eine unentbehrliche Etappe in der Entwicklung eines jungen Greifvogels ist. In der Tat ist die Jagd auf andere, ebenfalls gewandte und wachsame Tiere keinesfalls die einfachste Art des Nahrungserwerbs. Neuere Beobachtungen, verbunden mit der Gefangenschaftszucht vieler Greifvogelarten und der Auswilderung von solchen Greifen, die in ihrem Bestand bedroht sind, haben jedoch bewiesen, daß diese Vögel mit gutem Erfolg selber das schwierige Jagdhandwerk erlernen können. Daraus ist zu ersehen, daß sie über genetisch gefestigte Anlagen hierzu verfügen.

Die Zeitspanne des Bettelfluges ist bei den einzelnen Arten verschieden, generell jedoch bei den großen Vögeln länger, weil diese auch eine ausgedehntere Enwicklungszeit haben. Von Bedeutung ist hier auch die Art der Nahrung. So führen insektenfressende Rotfußfalken ihre Jungen nicht länger als zwei Wochen, da das Insektenfangen wohl schnell zu erlernen ist. Dagegen brauchen die gleichgroßen Turmfalken, deren Hauptbeute Wühlmäuse sind, oder die auf Kleinvögel Jagd machenden Baumfalken und Merline vier bis fünf Wochen, bis ihre Jungen selbständig sind. Die gleichen Abhängigkeiten sind auch bei den größeren Arten zu beobachten. Der Wespenbussard leitet seine Jungen kaum zwei Wochen, der Vogeljäger Wanderfalke dagegen bis zu zwei Monaten an. Junge Schreiadler erlernen das Fangen von Amphibien und Kleinsäugern in höchstens vier Wochen. Um die Kunst des Fischfanges zu beherrschen, brauchen die jungen Fischadler zweimal soviel Zeit. Außerdem scheinen auch die „Charakterzüge" der einzelnen Arten hier eine gewisse Rolle zu spielen. Die in ihren Reaktionen eher langsamen Bussarde und Milane brauchen nämlich bis zu sechs Wochen, um selbständig zu werden. Die mit viel Jagdpassion ausgestatteten Habichte und Rohrweihen können sich schon nach zwei bis drei Wochen Übung gut selber weiterhelfen.

5.2

Nahrung und deren Erwerb

NAHRUNG DER GREIFVÖGEL sind grundsätzlich andere lebende oder tote Tiere. Diese dienen zwar auch als Nahrung für viele weitere Vögel, wie z. B. für die Schwalben, die Insekten in der Luft fangen, oder für die Meisen, die alle möglichen Insekten in deren verschiedenen Entwicklungsstadien verzehren. Lebende Frösche und Mäuse fangen und fressen gerne Störche, lebende Fische die Reiher. Beide verschlukken die lebendige Beute. Dennoch würde niemand diese Vögel „Raubvögel" nennen. Die meisten Vertreter der uns interessierenden Vogelgruppen fangen, töten und fressen hauptsächlich andere, ebenfalls warmblütige Tiere. Gemäß der subjektiven Meinung vieler Menschen ist dies mehr räuberisch und blutrünstig als das Verzehren einer Fliege. Daher stammt die nicht ganz präzise und nicht voll das Wesentliche wiedergebende Bezeichnung „Raubvögel". Gut, daß wenigstens im deutschen Sprachraum dieser etwas unglückliche Terminus schon vor Jahren durch die Bezeichnung „Greifvögel" ausgetauscht worden ist. Diese klingt bei weitem nicht so negativ. In praktisch allen anderen Sprachen Europas ist es bei der anderen, im vorhinein schon diskreditierenden Benennung geblieben.
Nach diesen einführenden Bemerkungen nun zur Nahrung der Greifvögel.

Aas

Unter den Greifvögeln gibt es solche, denen auf keinen Fall irgendeine räuberische Lebensweise nachgesagt werden kann. Eine extrem spezialisierte Art ist z. B. der Schmutzgeier, der sich hauptsächlich von Abfällen ernährt, die der Mensch weggeworfen hat oder von Tier- und Menschenexkrementen. Auch die anderen Geier sind vor allem Aasfresser. Alle möglichen toten Tiere fressen aber ebenso verschiedene andere Greifvögel. So verzehren Schwarz- und Rotmilan, Rohrweihe, Seeadler sowie Schreiadler gerne tote Fische. Auf Autostraßen oder auch von Landwirtschaftsfahrzeugen totgefahrene kleinere Tiere, wie Hamster, Kaninchen und Hasen, aber auch alle möglichen Vögel, nehmen mit Vorliebe Milane und der Mäusebussard auf, die zu diesem Zweck spezielle Suchflüge starten. Größeres Fallwild fressen in unseren Breiten im Winter vor allem Stein- und Seeadler (Abb. 159). Aber auch Rauhfußbussard und Mäusebussard, ja sogar Habicht stellen sich bei Hunger an einer solchen Nahrungsquelle ein.

Abb. 159: Seeadler am Luder (Ar.)

Abb. 160: Rotfußfalke beim Insektenfang (Mey.)

Abb. 161: Schlangenadler mit Eidechse als Beute (Li.)

Insekten

Wenn man Nahrung und Jagdmethode betrachtet, ist auch der Wespenbussard kaum als Greifvogel anzusehen. Denn er scharrt Wespen- und Hummelnester aus der Erde und tut sich an den fetten Larven gütlich, was mit Greifen und Töten nur wenig gemein hat. Schon eher sind andere Insektenfänger wie der Rotfußfalke oder der Rötelfalke als solche anzusehen. Denn sie fangen Libellen, große Käfer, Schmetterlinge und dergleichen sowohl in der Luft als auch am Boden. Auf fliegende Insekten machen übrigens auch Baumfalken und Turmfalken, ja sogar Wanderfalken gerne Jagd. Hier haben wir es also mit Jagdflug, Fangen und Töten zu tun. Die Insekten werden mit den Fängen gegriffen und häufig gleich im Flug verzehrt (Abb. 160). Vorher werden alle harten Teile, wie Kopf, Flügel und Beine, entfernt. Interessanterweise fressen manche größere Greifvögel wie Schreiadler und Milane, welche bei uns nur gelegentlich Insekten fressen, im afrikanischen Winterquartier insbesondere Termiten und Heuschrecken.

Amphibien

Manche Greifvögel, etwa Weihen, Milane, Bussarde, Schlangen- und Schreiadler, ernähren sich teilweise von Amphibien. Frösche werden lieber gefressen als Kröten, vermutlich wegen der ätzenden und giftigen Hautsekrete letzterer. Insgesamt ernähren sich die erwähnten Vögel allerdings nur spärlich von Amphibien. Lediglich für den Schreiadler sind sie ein wesentlicher Bestandteil seiner Ernährung. Sie sind leicht zu fangen und werden von den Adlern am Rande seichter Gewässer vom Ansitz aus oder während des Watens durch feuchte Wiesen erbeutet.

Reptilien

Zur Nahrung des Zwergadlers, des Schreiadlers, der Bussarde, der Weihen, des Turmfalken und anderer Kleinfalken gehören auch Reptilien, und zwar vor allem Eidechsen. Was Schlangen anbetrifft, ist insbesondere der Schlangenadler darauf spezialisiert, sie zu fangen (Abb. 161). Zu seiner Beute gehören auch Giftschlangen. Auf dem Balkan und in Spanien fangen auch Stein- und Kaiseradler bisweilen Schlangen und große Eidechsen. In Bulgarien und Kleinasien stehen auch Schildkröten auf der Speisekarte des Steinadlers.

Fische

Zum routinierten Fischfang bedarf es besonderer Fähigkeiten. In vollem Maße besitzt diese lediglich der Fischadler (Abb. 162). Allerdings ist auch der Seeadler ein guter Fischfänger. Die

Abb. 162: Fischadler mit gefangenem Fisch (Li.)

schottischen Steinadler fangen die zum Laichen ins flache Flußwasser aufgestiegenen Lachse, die dann eine leichte Beute sind. Andere Greife, wie Schreiadler, Rohrweihe und Milane, schätzen Fische als Nahrung. Sie holen sich jedoch hauptsächlich tote, auf dem Wasser treibende Fische. Für den Schwarzmilan, der gewöhnlich in der Nähe von Gewässern lebt, machen solche Fische einen Großteil seiner Nahrung aus.

Vögel

Viele Greifvögel fressen besonders gerne andere Vögel. Manche von ihnen, wie z. B. der Wanderfalke oder der Sperber, sind beinahe ausschließlich Ornithophagen, d. h. Vogelfresser. Sie sind hochspezialisierte Vogelfänger. Auch Habicht und Merlin können zu den vorwiegend Vögel fangenden Greifen gezählt werden. Weiterhin gibt es zahlreiche Greifvögel, die ebenfalls zum Großteil von erbeuteten Vögeln leben. Hierzu gehören Gerfalke, Saker, Lanner, Baumfalke, alle Weihenarten, alle Bussardarten, Rotmilan, Steinadler, Habichtsadler und Zwergadler. Die übrigen Arten fangen nur sporadisch Vögel.
Beute der Greife sind sowohl Nestjunge und junge Nestflüchter als auch erwachsene Tiere. Die ersten fallen vor allem den weniger spezialisierten Vogelfressern zum Opfer. Und so kommt es vor, daß Bussarde, Milane, Weihen und Schreiadler, aber auch Habicht und sogar Steinadler die Jungen aus Nestern anderer Vögel rauben (insbesondere von Sperlingsvögeln, einschließlich Krähen, aber auch von Wildtauben). Eine relativ leichte Beute sind auch die Jungen von Nestflüchtern, also aller Hühnervögel, Wat- und Entenvögel, Möven und dergleichen. Die sich zu Fuß fortbewegenden und noch nicht flüggen Jungvögel passen in das Beuteschema solcher Arten, die hauptsächlich auf Kleinsäuger Jagd machen, also in das der Bussarde, Schreiadler und Turmfalken, aber auch in das von Weihen und Milane. Ein gut fliegender Vogel reizt sie nur selten zum Angriff, denn sie können ihn in aller Regel ohnehin nicht erbeuten. Anders ist es mit kranken, verletzten oder anderweitig geschwächten und somit behinderten Vögeln. Im Rahmen der natürlichen Auslesemechanismen werden sie von beinahe allen Greifvögeln eliminiert.
Routinemäßig, also nicht zufällig, vermögen lediglich einige Greifvogelarten voll flugfähige Vögel zu fangen. Beim Wanderfalken und Baumfalken gehen Anpassung und Vorliebe soweit, daß sie lediglich fliegende Vögel erbeuten (Abb. 163). Sitzende Vögel greifen sie überhaupt nicht an. Zudem geben sie die weitere Verfolgung der fliegenden Beute auf, wenn es dieser gelingt, sich auf den Boden zu werfen oder einen Baum zu erreichen und dort bewegungslos zu verharren.
Andere Falken schlagen ihre Beute auch auf dem Boden, wenn sie auch Luftangriffe vorziehen. Am vielseitigsten sind hier Habicht und Sperber, die Vögel in jeder sich bietenden Situation erbeuten. Mit Hilfe spezieller Taktiken, von

Abb. 163: Wanderfalke mit Beute (Pin.)

denen noch die Rede sein wird, gelingt es auch den schweren Adlern, erwachsene, gesunde Vögel zu fangen. Weihen, Milane und Bussarde vermögen dies nur, wenn sie zuffällig ihre Beute überraschen können.
Für unsere Greife sind Vögel jeder Größe, vom Zaunkönig bis zur Wildgans, potentielle Beutetiere. Am häufigsten fallen ihnen freilich die in hoher Dichte vorkommenden und somit leicht zugänglichen Arten zum Opfer. In dieser Hinsicht sind übrigens ganz bestimmte Abhängigkeiten im Räuber-Beute-Verhältnis entstanden, die an einer anderen Stelle eingehender behandelt werden. Zahlreich vorhanden und leicht zugänglich für die Greife ist leider auch das Hausgeflügel. Daher sind u. a. auch die Haustauben eine beliebte Beute des Wanderfalken und des Habichts. Durch diesen sind auch herumlaufende Haushühner bedroht. Zur Kategorie ‚leichte Beute' müssen auch jene Fasanen gezählt werden, die in Farmen gezüchtet, dann später von den Jägern in deren Jagdreviere freigelassen werden und allein dadurch natürlich noch längst nicht zu Wildtieren geworden sind.

Säuger

Von den Säugetieren sind Mäuse, Lemminge, Hamster, Ziesel, Eichhörnchen, Murmeltiere und Wildkaninchen die Hauptbeute der Greifvögel. In geeigneten Biotopen kommen sie gewöhnlich in so hoher Zahl vor, daß sich eine Reihe von Beutegreifern darauf spezialisiert, diese Nahrungsbasis zu nutzen. Für solche Arten, nämlich Mäusebussard, Rauhfußbussard, Adlerbussard, Rohrweihe, Wiesenweihe, Kornweihe und Turmfalken, stellen die Kleinnager die Nahrungsgrundlage dar. Jedoch auch für andere Arten – wie Steinadler, Kaiseradler, Habichtsadler, Schreiadler, Zwergadler und Habicht – sind Nagetiere und Wildkaninchen eine bevorzugte Beute (Abb. 164). Der hauptsächlich Vögel jagende Gerfalke stellt sich sofort auf den leichteren Fang von Lemmingen um, sobald diese in Massen vorkommen. Für die in Zieselgebieten lebenden Saker ist dieser Nager im Sommer Hauptbeute. Zur Zeit des Winterschlafes dieses Nagers oder auch in Gegenden, in denen es ihn überhaupt nicht gibt, versteht es der Saker ausgezeichnet, auf Vögel Jagd zu machen.

Abb. 164: Habicht mit Kanin als Beute (Pin.)

Zur vorstehend besprochenen Beutetiergruppe müssen auch Junghasen gezählt werden, die, solange sie nicht viel größer sind als eine Feldmaus, sowohl von den Weihen als auch vom Bussard und dem Rotmilan gefangen werden. Erwachsene Feld- und Schneehasen schlägt eigentlich nur der Steinadler. Für einen Habicht, und zwar ausschließlich für das Weibchen, ist ein ausgewachsener Hase nur sehr schwer zu überwältigen. Daher gelingt nur wenigen, vielleicht besonders kämpferisch veranlagten Habichten ein erfolgreicher Angriff auf diese große Beute. Junge Habichte versuchen es zwar öfter, werden aber leicht durch Hakenschlagen usw. ausgetrickst.Falls es ihnen dennoch gelingt, einen Hasen zu schlagen, werden sie durch hochschnellende Bewegungen des sehnigen Körpers wieder abgeworfen. Zudem prügelt der Hase den Habicht hart mit seinen Hinterläufen. Nach einigen mißglückten und schmerzvollen Angriffen vergeht dem Habicht für immer die Lust daran. Leicht fängt er natürlich ein bis zwei Kilogramm schwere Junghasen. Sie werden vom Habicht ausgezeichnet von erwachsenen Hasen unterschieden.
Ganz unten auf der Speisekarte der Greifvögel stehen die insektenfressenden Säuger, wie Spitzmaus oder Maulwurf. Sie werden nicht gerne verzehrt, vielleicht sind sie weniger schmackhaft. Dasselbe gilt auch für kleine Beutegreifer, also Mauswiesel, Hermelin oder Iltis.

Der Steinadler schlägt Jungfüchse, Reh- und Gamskitze, selten auch kleine Rotwildkälber. Was Haustiere anbetrifft, so vergreift er sich zuweilen an Hauskatzen, in Schottland auch an Lämmern und auf dem Balkan an Jungziegen. Im hohen Norden Europas wiederum konzentriert sich der Steinadler auf die Kälber der von den dortigen Lappen halbwild gezüchteten Rentiere. Der dabei entstandene Schaden wird dort teilweise sogar als wirtschaftliches Problem angesehen, und so manch ein Adler muß aus diesem Grunde hier sein Leben lassen, denn die Lappen fackeln nicht lange. Adler gibt es trotzdem in Lappland noch genug, denn dort ist die Umwelt noch heil. Aber was den Lappen zur Not zugestanden werden kann, ist für andere Teile Europas nicht akzeptabel.

Nahrungsbedürfnis

Die Masse der täglich von einem Greifvogel aufgenommenen Nahrung ist geringer als bei anderen Vögeln gleicher Größe. Das ergibt sich aus dem hohen energetischen Wert des verzehrten Fleisches. Als Regel gilt hier: Je größer der Vogel, desto kleiner ist im Verhältnis zum Körpergewicht seine notwendige Tagesration. Bei den großen Adlern beträgt diese Relation etwa 1 zu 10, bei Vögeln in Größe eines Habichts 1 zu 6 und bei turmfalkengroßen Vögeln 1 zu 4. Zum einen hängt dies damit zusammen, daß mit wachsendem Körpergewicht dessen Verhältnis zur Körperoberfläche geringer wird. Dadurch haben kleinere Tiere einen relativ großen Stoffwechsel, der mit einem größeren Wärmeverlust zusammenhängt. Zum zweiten resultieren die obigen Relationen auch daraus, daß sich die kleineren Greifvögel mehr bewegen und somit auch mehr Energie benötigen. Der Energieaufwand steigt zusätzlich noch dadurch, daß je kleiner der Vogel ist, er desto seltener segelt oder gleitet, was wenig Energie verbraucht. Vielmehr wird die Beute häufig in rasantem Verfolgungsflug angegriffen, der sehr energiezehrend ist. Die kleinsten Greifvögel, also die Terzel des Sperbers, Merlins und des Turmfalken müssen sich zweimal täglich sattfressen, um ihren Energiebedarf zu decken. Drei, vier Tage Nahrungsmangel ist für sie schon lebensgefährlich. Auch mittelgroße Greifvögel können kaum länger als acht bis zehn Tage ohne Nahrung auskommen. Die großen Adler und Geier dagegen vermögen aufgrund ihres spezifischen Energiehaushaltes gut 15 bis 20 Tage zu fasten, ohne dabei Schaden zu nehmen.

Insgesamt beruht alles auf gut eingespielten biologischen Gesetzmäßigkeiten. Den großen Greifen fällt es zeitweilig recht schwer, Beute zu machen oder auch Aas zu finden. Sie müssen also mit physiologischen Mechanismen ausgerüstet sein, um diese Hungerperioden überstehen zu können. Der Tod eines jeden Individuums der großen Greife ist für den Gesamtbestand von großem Schaden, da er nur langsam wieder ausgeglichen werden kann. In den für kleinere Greifvögel weit selteneren Hungerszeiten geht ein Teil von diesen ein, wodurch aber die gesamte Population langfristig kaum geschwächt wird. Denn aufgrund guter Reproduktionsmechanismen werden diese Verluste bald wieder ausgeglichen. Aber hier kommen wir schon zu einem anderen Thema, das gesondert behandelt werden soll.

Der Nahrungserwerb

Von allen aasfressenden Arten werden tote Tiere mittels eines Suchfluges ausfindig gemacht. Je nach Gelände findet dieser Flug in verschiedener Höhe statt. Am höchsten steigen dabei die Geier. Da diese häufig in Brutkolonien leben und auch sonst stark vergesellschaftet sind, haben sie gewisse Nachrichtensysteme ausgebildet. Ein fündig gewordener Geier sendet Signale in Form von speziellen Flugmanövern aus, um seine Kumpanen zu benachrichtigen. Diese fliegen dann eiligst herbei, um sich am Fraß zu beteiligen.

Bei den jagenden Arten verläuft das Beutemachen in zwei Phasen – der Suche nach dem Opfer und dessen Erbeutung. Gesucht wird während des Spähfluges oder vom Ansitz aus. Die Flüge finden meistens über einem begrenzten Gelände statt, also über dem Jagdrevier, in welchem Beutetiere zu erwarten sind. Insbesondere zur Zeit der Wanderungen und des Striches können es aber auch orts- und richtungsmäßig nicht zielgerichtete Flüge sein. Hierbei finden die Greife mehr oder weniger zufällig Beute. Die Greife fliegen im Kreisflug, teilweise segelnd,

Abb. 165: Spähflug der Rohrweihe und Stoß auf einen jungen Kiebitz

oder im aktiven Geradeausflug beziehungsweise geländedeckend hin und her (Abb. 165). Manche Arten, wie Turmfalke und Rötelfalke, Rauhfußbussard und Mäusebussard, rütteln dabei auch noch (Abb. 166). Die Greife fliegen entweder sehr langsam, um das patroullierte Gelände möglichst genau zu kontrollieren (Weihen, Milane, Bussarde, Adler). Oder aber sie fliegen sehr schnell, manchmal unter Ausnutzung jeder möglichen Deckung, um flüchtige Beute zu überrumpeln (Habicht, Sperber, Falken).

Der Ansitz, also das Ausfindigmachen der Beute aus sitzender Position, geschieht meistens von erhöhten Plätzen aus. Zu solchen zählen Zaunpfähle, Heu- oder Strohmieten, Hochspannungsmasten, schließlich hohe Gebäude, Kirchtürme und auch gut exponierte Ruinen oder Felsen. Von dort aus beginnt dann der eigentliche Jagdflug (Abb. 167). Manchmal suchen die Greife ihre Beute auch zu Fuß, besonders wenn es ihnen darum geht, Insekten, Würmer und andere Wirbellose zu finden, oder auch um Frösche, Eidechsen oder Schlangen zu fangen (Schreiadler, Schlangenadler, Bussarde).

Jede der Greifvogelarten hat natürlich ihre mit Vorliebe angewandte Art der Nahrungssuche, die jedoch nie die alleinige ist. Alles hängt hier von der Situation ab, in welcher der Vogel jagen muß. Zweifelsohne entwickeln sich dabei auch gewisse individuelle Neigungen der einzelnen Vögel, die aller Wahrscheinlichkeit nach dadurch gefestigt werden, wie häufig ein Greif mit einer speziellen Jagdstrategie erfolgreich ist.

Mehr artspezifisch ist die zweite Phase des Beutemachens, also das Verfolgen, Einholen, Fangen und Töten des Opfers. Darüber entscheiden nämlich in hohem Maße die der Vogelart oder Artengruppe gegebenen physischen und psychischen Eigenschaften. Dies sei anhand einiger Beispiele illustriert.

Manche Vögel fliegen während des Angriffes schnell, so beispielsweise Wanderfalke und Habicht. Sie erwischen ihre Beute in voller Fahrt. Verschieden ist bei ihnen jedoch die Art des Fangens und Tötens. Der Wanderfalke nähert sich dem Beutetier meistens im Sturzflug, wobei er eine sehr hohe Geschwindigkeit erreicht. Sein ungemein aerodynamischer und fester Körperbau erlaubt es ihm nicht, wirksam zu bremsen und den Flug zu verlangsamen, wenn er seine Beute erreicht. Würde er mit voller Fluggeschwindigkeit mit ihr zusammenprallen, könnte er sich dabei arge Verletzungen zuziehen. Daher vermeidet er dies und streckt im Vorbeifliegen

Abb. 166: Spähflug des Turmfalken und Stoß aus dem Rütteln auf eine Feldmaus

Abb. 167: Spähflug des Mäusebussards, Ansitz und Gleitflug beim Stoß auf eine Maus

Abb. 168: Sturzflug des Wanderfalken aus dem Spähflug (Anwarten) und Steilstoß auf ein Rebhuhn

nur leicht die Fänge aus, um die Beute mit den Klauen der Hinterzehe anzuschlagen. Dank der enormen Geschwindigkeit des Falken ist dieser Schlag so stark, daß der verfolgte Vogel dadurch schwer verletzt oder sogar getötet wird und zu Boden stürzt (Abb. 168).

Der Habicht verfolgt sein vom Ansitz oder während des Pirschfluges gesichtetes Jagdobjekt ebenfalls im sehr schnellen, wenn auch nur kurzstreckigen Horizontalflug. Erreicht er seine Beute, dann bremst er mit weit gefächertem Schwanz und mit breiten Flügeln ab. Dabei kippt er in senkrechte Stellung oder sogar auf den Rücken. Gleichzeitig wirft er blitzschnell die bisnen sie ihm auch lediglich zum Halten der Beute. Er tötet seine Beute mit dem Schnabel, d. h. mit Bissen in den Hals des erbeuteten Vogels und mit Reißbewegungen, die die Halschlagader zerreißen oder die Wirbelsäule brechen.

Die Jagdart der Weihen, Milane, Schreiadler und Bussarde ist der langsame Spähflug in nicht allzu großer Höhe oder auch der Ansitz und das anschließende hubschrauberartige oder während des Gleitfluges ausgeführte Herabstoßen auf die erspähte Beute. Diese Jagdmethode weist darauf hin, daß diese Vögel, wenn auch nicht kleiner als Wanderfalke oder Habicht, nicht in der Lage sind, größere Beutetiere zu überwältigen. Sie

Abb. 169: Stoß des Habichts auf eine Nebelkrähe aus dem Startflug

her angewinkelten Beine nach vorne, um die Hebelwirkung seiner Beine und auch des ganzen Körpers auszunutzen, um so die Beute mit den Fängen zu schlagen und zu halten (Abb. 169). Falls notwendig, wird der erste Griff schnell verbessert, um den Kopf oder die Körperteile des Opfers zu fassen, welche die inneren Organe enthalten. Die langen und starken Klauen der Hinter- sowie der ersten Vorderzehe, auch Fang- und Atzklauen genannt, dringen tief in den Körper der Beute ein und töten sie. Der Wanderfalke hat nicht ganz so starke Fänge. Daher dievermögen nämlich nicht – wie vorstehend schon beschrieben – ihren Angriff aufgrund des schnellen Fluges und der speziellen Technik des Fangschlags zu verstärken. Außerdem sind die meisten dieser Vögel mit nur schwachen Fängen ausgerüstet. Das beschränkt die maximale Größe ihrer Beutetiere, zu welchen, wie schon gesagt, vorwiegend kleine Wirbeltiere gehören.

Der amerikanische Vogelforscher Goslow (1971) konnte mit Hilfe präziser Filmtechnik feststellen, daß ein Falke dank seiner enormen

Fluggeschwindigkeit beim Angriff seine Beute mit zehnfach größerer Kraft schlägt als etwa ein Bussard. Ähnlich stark ist jedoch die Schlagkraft des Habichts, wenn er auch über eine völlig andere Technik verfügt (Abb. 170a, b).
Erwähnenswert ist die jeweils verschiedene Angriffs- und Fangtechnik von Baumfalke und Sperber. Die Hauptbeute beider Greife sind Kleinvögel. Der Baumfalke jagt sie ausschließlich in der Luft und fängt in tollen Verfolgungsflügen sogar Schwalben und Mauersegler. Es besteht beim Schlagen dieser Beute keine Kollisionsgefahr, da ihr Körpergewicht vielfach geringer ist als das des Verfolgers (Abb. 171). Der Sperber dagegen besitzt entsprechende anatomische Voraussetzungen, um seine Beute bis ins dichteste Gebüsch zu verfolgen. Ihm sind nämlich die kurzen und breiten Flügel sowie der lange Stoß sehr behilflich. Die letzte Phase seines Angriffs besteht darin, daß er blitzschnell die langen Beine herausstreckt und die Beute mit den Fängen zu schlägt (Abb. 172). Sowohl der Baumfalke als auch der Sperber haben sehr lan-

(a)

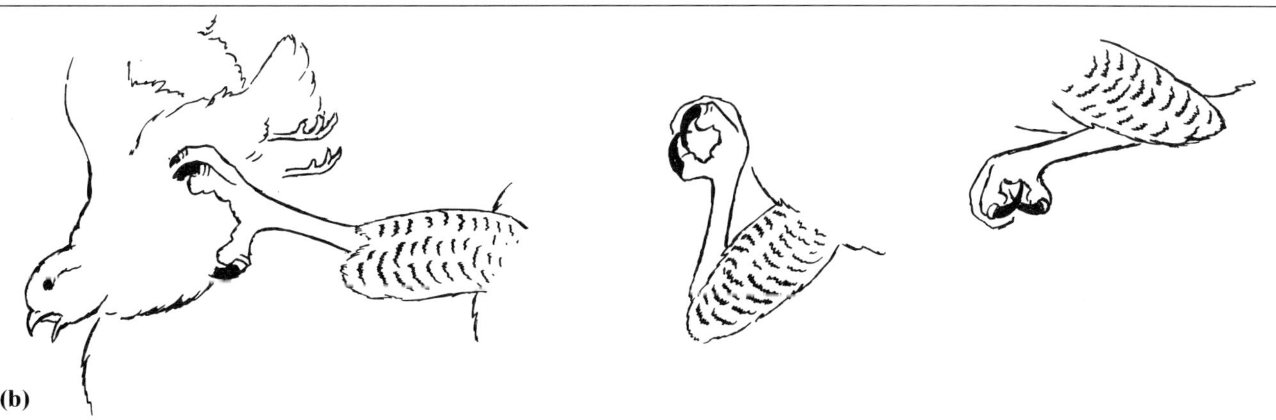
(b)

Abb. 170: Schematische Darstellung des Stoßschlages (Anschlagen) des Wanderfalken (a) und des Fangschlags des Habichts (b)

ge und dünne Zehen, die außer mit nadelspitzen Klauen zusätzlich noch mit ausgeprägten, pfropfenartigen Ballen versehen sind. Sie erleichtern das Festhalten der zappelnden, geschlagenen Kleinvögel.
Manche Greifvogelarten zeichnen sich durch eine besonders ausgeprägte, enge Spezialisierung im Nahrungsspektrum und somit auch im Nahrungserwerb aus. So ist z. B. der Schlangenadler dazu fähig, Giftschlagen zu überwältigen. Er versucht, seine Beute durch einen schnellen Griff der Fänge dicht hinter deren Kopf zu fassen, um dann der Schlange mit dem Schnabel das Rückrat zu brechen oder ihren Kopf zu zerquetschen. Gelingt dieser erste Angriff nicht, wehrt sich die Schlange mit tödlichen Bissen. Diese treffen jedoch entweder die mit dicken Hornschuppen gepanzerten Füße des Schlangenadlers oder dessen als Schutzschild vorgehaltenen, gespreizten Flügel. Die Bisse bleiben somit unwirksam. Schließlich wird das Reptil schwach, hat auch den ganzen Giftvorrat verbraucht und kann getötet werden. Der Schlangenadler scheint ausgezeichnet zu unterschei-

Abb. 171: Stoß des Baumfalken auf eine Schwalbe

Abb. 172: Überraschungsangriff des Sperbers aus dem Pirschflug

den, ob er es mit einer Giftschlange zu tun hat oder mit einer ungefährlichen Natter, die er ohne viel Federlesens schlägt (Abb. 173).
Die Steinadler des Balkans und Kleinasiens haben eine interessante Technik entwickelt, um die dortige Landschildkröte verspeisen zu können. Das beim Spähflug erblickte Reptil wird gefaßt und emporgetragen. Aus 30 bis 50 Meter Höhe läßt der Steinadler es auf einen bestimmten Felsen fallen. Der Adler stürzt sofort hinterher und landet in der Nähe. Dann sucht er zu Fuß die auf dem Felsen zerborstene Schildkröte. Ist deren Panzer noch nicht genügend zerschlagen, wiederholt er den Wurf. Auf ganz ähnliche Weise

Abb. 173: Schlangenadler schlägt eine Kreuzotter

zerschlagen auch die Bartgeier gefundene, lange Hohlknochen von Fallwild oder Haustierkadavern, um an das Knochenmark heranzukommen und um die Knochensplitter verschlingen zu können. Eine erstaunliche Übereinstimmung im Nahrungserwerb zweier Greifvögel, die zu ganz anderen systematischen Gruppen gehören.
Eine nahrungsmäßig sehr spezialisierte Art ist der Fischadler. Von allen Greifvögeln ist er der einzige, der vortrefflich zum Fischfang ausgestattet ist. Sein Federkleid ist ziemlich hart und liegt eng am Körper an, was bei Kontakt mit Wasser sehr wichtig ist. Die Nasenlöcher sind schließbar, wodurch die Nasenhöhle vor eindringendem Wasser beim jähen Zusammenprall mit der Wasseroberfläche geschützt wird. Eine höchst wichtige anatomische Einrichtung ist auch der nach vorne und hinten verstellbare, vierte äußere Wendezeh. Er erleichtert das Fangen und Halten von Fischen sehr.
Die Klauen aller Zehen sind etwa gleich gut entwickelt. Sie sind lang und stark gekrümmt. Wenn sie gespreizt sind, bilden sie einen ungemein wirksamen Fangquirl. Der Fischadler patroulliert im Spähflug seine Fanggründe in 20 bis 50 Meter Höhe. Zeigt sich im Wasser der Schatten eines Fisches, dann stellt sich der Adler – gegen den Wind – wie ein Drachen darüber oder er rüttelt. Dies ermöglicht ihm ebenfalls, sich an einer Stelle in der Luft zu halten. Wird das Beutebild scharf, was heißt, daß der Fisch dicht unter der Wasseroberfläche schwimmt, greift er im Stoßflug an. Kurz über der Wasseroberfläche wirft der Vogel seine Fänge so weit nach vorn, daß sie bis vor den Kopf reichen. Der Adler taucht ins Wasser – meistens jedoch nicht tiefer als einen Meter – und fängt den Fisch. Die Beine des Fischadlers sind relativ dick und stark, können also den harten Aufprall auf den Fisch abdämpfen. Gleich danach taucht der Vogel wieder auf, hebt sich mit kräftigen Flügelschlägen von der Wasseroberfläche ab, schüttelt sich im Flug das Wasser aus dem Gefieder und fliegt mit der Beute in den Fängen zum Kröpfplatz (Abb. 174).
Auf Fische macht auch der Seeadler Jagd, der jedoch dazu weit weniger gut ausgerüstet ist als der Fischadler. Daher erbeutet er auch vor allem kranke oder verletzte Fische, die schwächer auf den sich nähernden Feind reagieren. Der Seeadler versucht gerne, dem Fischadler Beute abzunehmen. Er belästigt ihn im Flug solange, bis

Abb. 174: Stoß des Fischadlers ins Wasser aus dem Spähflug

dieser den Fisch hergibt. Zur Hauptbeute des Seeadlers gehören Bleßhühner und andere Wasservögel. Wenn der große Greif im Anflug ist, versuchen die Wasserhühner, schnell den Schilfsaum des Gewässers zu erreichen, in dem sie vor ihm sicher sind. Werden sie auf offener Wasserfläche überrascht, dann drängen sie sich zu einem engen Schwarm zusammen und „laufen“ auf dem Wasser in Richtung des rettenden Schilfes. Der Adler greift einen solchen Schwarm nicht an, da für ihn kein einzelnes Beutetier zu identifizieren ist. Bleibt jedoch ein Bleßhuhn irgendwie zurück, dann wird es durch Scheinangriffe weiter abgedrängt und ständig zum Tauchen gezwungen. Der dadurch geschwächte Vogel wird schließlich leichte Beute. Ähnlich verläuft auch die Jagd auf Haubentaucher, Säger, Kormorane und Tauchenten. Da diese Vögel jedoch viel besser tauchen können als Bleßhühner, bringt hier die gemeinsame Jagd zweier Adler den größeren Erfolg. Abwechselnd bedrängen beide das Opfer auf obige Weise und lassen nicht zu, daß es sich zum Flug erhebt. Eine solche Jagd dauert manchmal bis zu einer Stunde und ist bei weitem nicht immer von Erfolg gekrönt.

Gemeinschaftliche Jagd, meistens in Paaren, betreiben auch andere Greifvogelarten. Ein faszinierendes Schauspiel sind die wiederholten Angriffe eines Wanderfalkenpaares im Sturzflug auf Tauben, Dohlen, Krähen oder Kiebitze. Nach mißglücktem Stoß auf die sehr gewandte und geschickt ausweichende Beute schraubt sich der Falke sofort wieder in die Höhe, währenddessen der Partner zum Stoß ansetzt. Und so wiederholen sie die Angriffe bis sie Erfolg haben. Es gibt allerdings auch eine andere Taktik. Einer der Falken verfolgt den Vogelschwarm und führt Scheinangriffe aus. Der andere wartet im Kreisflug in großer Höhe bis zu dem Moment an, in dem aus dem bedrängten Schwarm einer der Vögel abgetrieben wird. Dann erfolgt ein Stoß im Sturzflug, die Beute wird hart angeschlagen und fällt in Richtung Boden, wird häufig aber noch in der Luft von dem tiefer fliegenden Partner aufgefangen.
Eine ähnliche Jagdtaktik haben manchmal auch Habichte. Ein Habichtspaar greift einen Haustaubenschwarm an. Meistens ist es der leichtere Terzel, der den Schwarm durch Scheinangriffe in die Höhe zwingt, während das Weibchen etwas tiefer in Kreisen lauert und den Verlauf der Akti-

Abb. 175: Späh- und Pirschflug des Steinadlers und Überraschungsangriff auf einen Hasen

on verfolgt. Schließlich kommt der Moment, in dem einzelne Tauben, vom Flug in großer Höhe geschwächt oder vielleicht auch psychisch gebrochen, sich zu einem verzweifelten senkrechten Sturzflug in Richtung des rettenden Taubenschlags entschließen, wobei dann eine von ihnen direkt in die Fänge des wartenden Habichtweibchens gerät.
Auch der Steinadler jagt gern zu zweit. Einige seiner potentiellen Beuteobjekte sind Gams- und Rehkitze wie auch Rotwildkälber. Die Muttertiere oder auch das ganze Rudel sind jedoch sehr wachsam, passen gut auf ihren Zuwachs auf und vertreiben im Ernstfall einen Steinadler, indem sie mit ihren harten Hufen nach ihm schlagen. Greift ein Adlerpaar an, wird die Lage für die „Räuber" leichter. Einer von ihnen versucht, ein Jungtier von der Mutter durch Scheinangriffe zu trennen. Gelingt das, schlägt der andere Adler blitzschnell das Kitz oder das Kalb und trägt es weg. Manchmal wird die gemeinschaftliche Jagd der Adler auch anders durchgeführt. Um ein sehr wachsames Murmeltier, einen Schneehasen oder ein Stück Birkwild zu überlisten, kreist einer der Partner in großer Höhe über der ausgemachten Beute und zieht deren Aufmerksamkeit auf sich. Das ermöglicht dem anderen Adler, sich geschickt und unbemerkt zu nähern, um einen Überraschungsangriff zu starten.
Weil Stein- und Kaiseradler recht groß sind, werden sie von ihren potentiellen Beutetieren leicht von weitem erkannt. Venn sie erfolgreich jagen wollen, müssen sie die mögliche Beute überraschend angreifen. Erblickt der Adler beim Spähflug oder vom Ansitz aus ein entsprechendes Beutetier, wird er selten versuchen, es im Direktangriff zu schlagen. Schnell beurteilt er die Erfolgschancen und die beste Möglichkeit, diese auszunutzen. Das Wild ‚pirscht' er unter Berücksichtigung aller Geländedeckungen regelrecht ‚an'. Dabei nutzt er verschiedene Flugtechniken, wie z. B. den Sturzflug, den Gleitflug dicht über dem Boden oder auch den schnellen Verfolgungsflug mit kräftigen Flügelschlägen (Abb. 175). Erstaunlich sind all diese Flugmanöver dieses scheinbar etwas schwerfälligen und langsamen Greifvogels. Die ausgezeichneten Sinne seiner Beutetiere erfordern diese Manöver. Ohne sie könnten sie ihre Beute nicht überraschen. Ein mäusefangender Bussard kommt z. B. im Unterschied zu Stein- und Kaiseradler auch über recht einseitige und einfache Jagdmethoden zu seiner Beute.

5.3

Die Populationsdichte und deren Zusammenhang mit der Nahrungsbasis

EIN ARTENREICHER UND ZAHLENMÄSSIG starker Greifvogelbestand ist einzig aufgrund einer entsprechend reichhaltigen Beutetierpopulation möglich. Ist eine Landschaft arm an Greifvögeln und deren Artenzusammensetzung recht schmal, dann gibt es dort in der Regel auch nur wenig andere Tiere. Dies hängt damit zusammen, daß jede Greifvogelart in mehr oder minder großem Maß auf etwas andere Beutetiere eingestellt ist. Wir besitzen zahlreiche Beweise dafür, daß der Zahlenbestand der einzelnen Greifvogelarten weitgehend davon abhängig ist, wie reichlich deren jeweilige Beute vorkommt.
Leicht ist zu beobachten, daß große Greifvögel bedeutend größere Jagdreviere benötigen als kleinere Greife. Und so ist für ein Turmfalkenpaar schon ein Jagdgebiet von ca. 100 Hektar ausreichend. Ein Wiesenweihenpaar braucht 500 bis 700 Hektar, ein Habichtspaar 2.000 bis 5.000 Hektar und ein Steinadlerpaar mehr als 10.000 Hektar. Diese Relation zwischen der Größe des Vogels und der Fläche seines Lebensraumes ist vor allem dadurch zu erklären, daß größere Greife gewöhnlich auch größere Beutetiere jagen und fressen. Diese wiederum leben nicht in so großer Siedlungsdichte wie kleinere Tiere. Natürlich gibt es bei dieser etwas schematisierten Regel auch Ausnahmen. Der dem Habicht bezüglich des Körpergewichts ähnliche Mäusebussard kommt z. B. pro Paar mit nur 300 bis 500 Hektar Lebensraum aus. Denn er ernährt sich vorwiegend von Kleinnagern, von denen es auf einer solchen Fläche meistens genügend gibt. Der größere Tiere fangende Habicht braucht etwa ein zehnfach so großes Jagdgebiet. Und so kann und wird es in einer Landschaft auch nie so viele Habichte wie Bussarde geben.
Brüll (1980) hat am Beispiel von Greifvögeln und Eulen sehr suggestiv ein ganzes System von „landschaftsbiologischen Ordnungszahlen“, wie er es nennt, aufgestellt. Es veranschaulicht die räumlichen Ansprüche der einzelnen Arten. Der Autor schließt die Beutetierarten in dieses Funktionssystem ein und verdeutlicht dadurch sehr gut, daß eine breite Nahrungsbasis die unerläßliche Voraussetzung einer entsprechenden Beutegreifer-Beute-Relation ist.
Weiter soll darauf hingewiesen sein, daß für jede Art die Größe des individuellen Lebensraums und die Siedlungsdichte der Brutpaare in den verschiedenen Verbreitungsgebieten davon abhängt, wie gut die Nahrungsbasis ist. Geringer ist die Dichte und größer der Lebensraum von Greifen dort, wo es wenig Beutetiere gibt. Arten, die über eine relativ stabile Nahrungsbasis verfü-

Abb. 176: Rauhfußbussard am Horst (Zei.)

gen, sind auch von Jahr zu Jahr in ihrem Bestand stabil. Dies zeichnet sich u. a. durch eine ziemlich beständige Anzahl von Brutpaaren aus. Die Brutpopulationen solcher Arten, die von einer schwankenden und beschränkten Nahrungsbasis abhängen, unterliegen häufig bedeutenden Bestandsveränderungen, die etwa den Veränderungen der Besatzdichte der Beutetiere entsprechen. Von den uns näher bekannten Arten betrifft letzteres insbesondere den Rauhfußbussard, der in der nordeuropäischen Tundralandschaft brütet (Abb. 176). Die Bestandsentwicklungen seiner Population hängen eng mit dem zyklischen Massenvorkommen der dortigen Kleinnager, insbesondere der Lemminge, zusammen. In nahrungsreichen Jahren steigt die Zahl der Brutpaare pro Flächeneinheit stark. Erhöht wird sie noch durch zuwandernde Rauhfußbussarde. Fehlt es an Nagern, dann ist der effektive Zuwachs der Bussarde nur gering oder gleich null, und ein Teil der Vögel wandert aus (Lundgren, 1979).

Die Nahrungsbasis beeinflußt also nicht nur direkt die Siedlungsdichte der Brutpopulation von Greifvögeln, sondern auch indirekt den Bruterfolg. Denn ähnlich wie beim Rauhfußbussard ist auch bei vielen anderen Arten die Fortpflanzungsrate dann höher, wenn die Nahrungsverhältnisse für sie besser sind. Die größte diesbezügliche Abhängigkeit ist bei Arten mit enger Nahrungsspezialisierung zu erkennen. Die „Generalisten" haben ja immer die Möglichkeit, sich auf Ersatzbeute umzustellen. Zu den „Spezialisten" gehört z. B. der Turmfalke, der sich hauptsächlich von kleinen Nagern ernährt. In Südschottland konnte beispielsweise eine positive Korrelation zwischen der Populationsdichte der Wühlmäuse und der Anzahl an Brutpaaren dieses Vogels festgestellt werden (Village, 1982). Ähnliche Abhängigkeiten sind auch in Deutschland und in Finnland ermittelt worden (Reichholf, 1977; Peter und Zaumsetl, 1982; Korpimäki, 1985 u. a.). In Holland wiederum haben Dijkstra u. a. (1982) festgestellt, daß die Gelegegröße des Turmfalken von der Nahrungsfülle abhängt. Beim Gerfalken hängt die Zuwachsgröße seiner Population mit den Populationszyklen des Moorschneehuhns zusammen (Pullainen, 1975; Langtin u. Mokanes, 1979, u. a.). Nach Baumgart (1978) ist auch beim Würgfalken in den Steppengebieten der Bruterfolg von dem zyklischen Massenvorkommen der Wühlmäuse und Ziesel abhängig. Aufgrund der hohen Nahrungsspezialisierung des Wespenbussards haben Schlechtwetterperioden großen Einfluß auf den Brutverlauf, da es dann nur wenig Wespen- und Hummelnester gibt, es ihm also an Nahrung mangelt. Bei den meisten Paaren fliegen dann überhaupt keine Jungen aus (Schubert, 1977).

Der Mäusebussard ist zwar kein echter „Spezialist", dennoch ernährt er sich zum Großteil von kleinen Nagern. Wie schon erwähnt, kann sich dieser Vogel – wenn es an kleinen Nagetieren mangelt – auf andere Beute umstellen, die für ihn allerdings schwerer zu greifen ist. Und so vermochte eine Reihe von Vogelforschern eine mehr oder minder deutliche Abhängigkeit der Dichte an Brutpaaren, der Gelegegröße und des Bruterfolgs vom Dichteniveau der Wühlmäuse und anderer Kleinnager feststellen (Mebs, 1964; Rockenbauch, 1975; Stubbe 1987 u. a.). Das scheint jedoch keine absolute Regel zu sein. Denn Wittenberg (1981) konnte z. B. eine von der Kleinnagerdichte unabhängige Entwicklung einer Brutpopulation des Mäusebussards verfolgen. Und auch die von Pielowski (1991) in Polen untersuchte Population dieses Greifvogels erhöhte ihre Siedlungsdichte in fünfzehn Jahren um das Zweifache, und das unabhängig von dem schwankenden Bestand der Kleinnager. Glaubrecht (1981) wiederum konnte beweisen, daß der Bruterfolg der von ihm untersuchten Mäusebussardpopulation auch bei großer Wühlmausdichte differenziert war. Es hing von der Siedlungsdichte der Brutpaare ab. Die Relation Mäusebussard-Kleinnager ist also nicht eindeutig und gewiß von der örtlichen ökologischen Situation abhängig (Abb. 177).

Das Gleiche gilt für den Habicht, dessen Bruterfolg in Mitteleuropa nur wenig mit seiner Nahrungsbasis zusammenhängt. Denn als „Nahrungsgeneralist" hat dieser Beutegreifer immer ein genügendes Beuteangebot. Seine Siedlungsdichte wird eher, wie schon erwähnt, durch die notwendige Mindestgröße an Lebensraum pro Paar reguliert. Ernährt sich aber dieser Vogel nur von einigen wenigen Beutetierarten, wie das in Nordeuropa der Fall ist, dann beeinflussen z. B. die Populationsfluktuationen der Rauhfußhühner sofort den Bruterfolg und die Wan-

Abb. 177: Mäusebussard am Horst (Kl.)

derungsbewegungen der Habichte (Sulkava, 1964a; Linden u. Wikman, 1980).
Die Nahrungsbasis ist für die Populationsdichte vieler Greifvogelarten zweifellos bedeutsam. In diesem Zusammenhang muß auf den zerstörenden Einfluß des Menschen hingewiesen werden, den dieser aufgrund von intensiver Landbewirtschaftung auf diese Basis und somit indirekt auch auf die Greife hat. Es gibt bekannte Greifvogelforscher (z. B. Newton, 1979), die dem eine grundsätzliche Bedeutung beimessen. Newton äußert wohl mit Recht, daß ein Großteil der Bewirtschaftungsformen des Erdbodens die Zahl der Beutetiere und somit auch die der Greifvögel reduziert. Natürliches Grasland ist z. B. ein viel besseres Habitat für die Beutetiere als landwirtschaftlich genutzte Flächen. Hier wiederum sind Viehweiden günstiger als Ackerland. Durch die permanente mechanische Bearbeitung des Bodens werden die Kleinnager dezimiert. Denn ihre Nahrungsgrundlagen und ihre Verstecke werden dabei vernichtet. Deshalb hat Agrarland auch nur einen begrenzten Wert für diejenigen Greifvögel, die sich von Säugetieren ernähren. In naturnahen Wäldern mit gemischtem Baumbestand leben für gewöhnlich weit mehr Tiere als in völlig künstlichen Wald-Monokulturen. Und so hat jeder Schritt des Menschen, der zu einer intensiveren Nutzung des Bodens führt, negative Folgen für die wildlebenden Tiere. Zwar ist das keine neue Weisheit, dennoch kann man sie dem Menschen nicht häufig genug unter die Nase reiben.
Jedoch scheint die Sache nicht für alle Greifvögel so schlecht bestellt zu sein, wie sie der schon zitierte Engländer Newton beurteilt. Denn Kirmse und Kleinstäuber (1987) legen z. B. recht überzeugend dar, daß nicht Nahrungsmangel die Hauptursache für den katastrophalen Populationsrückgang des Wanderfalken in Mitteleuropa gewesen ist, wie es Baumgart (1985/86) zu suggerieren versucht. Es gibt genügend Beweise dafür – von denen im entsprechenden Abschnitt dieses Buches noch die Rede sein wird –, daß nicht der Nahrungsmangel, sondern Umweltverseuchungen mit Bioziden der Gruppe chlorierter Kohlenwasserstoffe die Ursache dafür bildeten.
Übrigens schreibt Newton (1985) in seiner ausgezeichneten Monographie über den Sperber, daß die Ursachen für die starken Bestandsschwankungen dieser Greifvogelart auch außerhalb der Nahrungsfaktoren zu suchen sind (Abb. 178).
Alles in allem scheint es so zu sein: Aufgrund der bei vielen Beutegreifern, aber auch bei ihren Beutetieren stattfindenden Anpassungen an die sich verändernden ökologischen Verhältnisse muß es in immer größerem Maß dazu kommen, die hergebrachten Anschauungen über das

Abb. 178: Sperber – altes Weibchen (Kr.)

Beutegreifer-Beutetier-Problem zu revidieren. Als gesichert ist gegenwärtig anzusehen, daß generell nicht die Beutetierpopulation von den Beutegreifern reguliert werden. Umgekehrt haben die Beutetiere maßgeblichen Einfluß auf die Populationsdynamik der Beutegreifer. Somit muß zwangsläufig die Funktion des Menschen als „Ersatzregulator" der Beutegreifer, zu welchem er sich selbst berufen hat, neu bewertet werden.

5.4

Zur ökologischen Bedeutung der Greifvögel

Allgemein bekannt ist es, daß in natürlichen oder nur wenig verunstalteten Ökosystemen den Beutegreifern eine große Bedeutung zukommt und daß diese ein wichtiger Bestandteil der Biozönosen sind. Daher erübrigt es sich auch, hier spezielle Beispiele anzuführen. Gleichzeitig ist sich jedoch zumindestens jeder Ökologe über folgendes klar. Die gegenwärtigen Umwandlungen und Störungen der Umwelt in den zivilisierteren Teilen der Erde sind so riesig, daß an sich von natürlichen biozönotischen Gefügen nicht mehr die Rede sein kann. Daher sind auch Mottos des Naturschutzes wie – „Die Greifvögel, unsere Verbündeten im Kampf gegen die Mäuseplage“ oder auch „Beutegreifer – Sanitätsdienst der Natur“ usw. schlichtweg veraltet. Sie resultieren aus einem emotionalen Standpunkt und können neueren Forschungsergebnissen zu diesem Thema nicht standhalten. Das soll natürlich nicht bedeuten, daß wir den Beutegreifern heute jegliche regulierende und selektive Funktion absprechen. Gibt es doch viele Beweise dafür, daß sie bestehen. Nur darf man ihr nicht eine grundsätzliche Bedeutung einräumen. Schon Errington (1946), der amerikanische Klassiker der Forschung über die Räuber-Beute-Beziehungen, ist zu dem Schluß gekommen, daß die Beutegreifer keinen wesentlichen Einfluß auf die Dichte der Beutetiere haben, da sie lediglich einen gewissen Populationsüberschuß abschöpfen. Aus polnischen Untersuchungen geht z. B. hervor, daß der gesamte Beutegreiferbestand der gegenwärtigen Agrozönosen nicht in der Lage ist, die alle paar Jahre eintretenden Massenvorkommen der Wühlmäuse einzudämmen. Das Beutemachen aller im Gebiet vorkommenden Greifvögel, Eulen und Haarraubwildarten, einschließlich der vielen streunenden Katzen, reduziert letztlich fünf bis acht Prozent der Wühlmäuse. Die Plage erlöscht aufgrund völlig anderer Faktoren (Ryszkowski u. a., 1973). Mittels zusammengefaßter Untersuchungsergebnisse zahlreicher Autoren unterstreichen auch Stubbe und Heise (1987), daß die Beutegreifer nicht die Abfallphase in einem Populationszyklus der Beutetiere initiieren. Sie können sie nur verlängern und damit das erneute Anwachsen der Population verzögern.

Zwei der zahlreichen bekannten Beispiele mögen veranschaulichen, auf welche verschiedene Weise Greifvögel die Populationsdynamik der Kleinnager beeinflussen. Truszkowski (1976), der in Polen die Rolle des Mäusebussards in den Agrozönosen untersucht hat, konnte feststellen, daß dieser Beutegreifer vorrangig erwachsene Wühlmäuse fängt. Somit beeinflußt er stärker die Population dieser Nager, als es allein aus der Anzahl der verzehrten Beutetiere hervorgehen würde. Korpimäki (1985) fand in Finnland unter den Beutetieren des Turmfalken eine Mehrzahl männlicher Kleinnager. Diese sind seines Erachtens nach mobiler und fallen daher leichter den Falken zum Opfer. Der Autor ist folgender Ansicht. Wenn eines der Geschlechter verstärkt gegriffen wird, beeinflußt dies möglicherweise die Quantitätsdynamik der Beutetierpopulation. Recht haben gewiß Anderson und Erlinge (1977) mit der Feststellung, daß es von vielen Faktoren abhängt, ob und wie die Beutegreifer eine Nagetierpopulation teilweise reduzieren können.

Es gibt auch eine Reihe von Beispielen dafür, daß Greifvögel aufgrund des Konditionszustandes und des Aussehens von bestimmten In-

dividuen selektiv auf die Beutepopulation einwirken. Pielowski (1961) untersuchte am Beispiel des Habichts und der Haustauben den „Unifikationseinfluß selektiver Nahrungswahl“ des Beutegreifers. In Freilandversuchen wählten die Habichte aus den Schwärmen fliegender Tauben meistens Exemplare mit einer von der Gesamtheit abweichenden Färbung. Also, aus weißen Schwärmen die dort vereinzelt vorkommenden schwarzen Tauben, und umgekehrt aus schwarzen Schwärmen selektierten sie die weißen. Erklärt worden ist das so: Der den Schwarm verfolgende Habicht muß sich entschließen, ein ganz konkretes Tier anzugreifen. Die Entscheidung fällt dann meistens auf ein Individuum, das anders als die übrigen Tauben gefärbt ist. Mittels ähnlicher Untersuchungen konnte Mueller (1977) aufweisen, daß der amerikanische Buntfalke mit Vorliebe Beutetiere einer bestimmten Färbung fängt.
Eine solche Auslese ist – abhängig von der Situation, in welcher der Beutegreifer angreift – recht verschieden. Kenward (1978) konnte z. B. beobachten, daß der Habicht sitzende Ringeltauben wahllos und unabhängig von ihrer Körperkondition schlägt. Dagegen fängt er aus fliegenden Schwärmen eindeutig schwache oder junge Exemplare heraus. Brüll (1977) beschreibt die Beobachtungen von Falknern, deren Beizfalken vorrangig kranke oder mausernde und somit etwas weniger fluggewandte Krähen schlagen. Auch der jetzt nur noch mit Sondergenehmigung erlaubte Fang von Habichten in sogenannten Habichtskörben mit Locktaube beruht darauf, daß sich dieses Beuteobjekt im unteren Teil der Falle unnatürlich bewegt. Das reizt sogar die Bussarde dazu, zu versuchen, die Taube zu schlagen. Dabei werden sie dann gefangen. Normalerweise gehören diese Vögel nicht zu ihren Beutetieren.
Kein selektiver Einfluß konnte in den Räuber-Beute-Beziehungen zwischen Habicht und Fasan festgestellt werden. Nach Kenwards u. a. (1981) und Ziesemers (1983) Untersuchungen werden die Fasanen von den Habichten wahllos gefangen. Das ist auch kein Wunder. Der Überraschungsangriff des Habichts gibt den Hühnervögeln kaum eine Chance, ihre individuell vielleicht unterschiedlichen Fähigkeiten zu nutzen. Möglich ist, daß vorrangig weniger vorsichtige Exemplare eliminiert werden, was an sich logisch wäre. Aber dafür gibt es keine Beweise. Womöglich sind eben alle Fasanen in der Regel wenig vorsichtig und fallen deshalb so leicht den Beutegreifern zum Opfer.
Das würde aber im Widerspruch dazu stehen, was über den Fasan in dessen asiatischer Urheimat bekannt ist. Dort fehlt es auch nicht an Habichten und Füchsen, die ihn jagen. Dennoch hält er sich gut. Das legt den Verdacht nahe, daß es die europäischen Habitatsverhältnisse sind, die in den meisten Fällen dem Fasan nicht voll entsprechen und für ihn ein „Handikap“ sind. Vielerorts wird das Biotop nach Ermessen des Menschen speziell für den Fasan gestaltet. Dabei wird dann u. a. aber überhaupt nicht die von dem bekannten englischen Flugwildforscher Potts (1986) festgestellte Tatsache berücksichtigt, daß eine sogenannte „günstige“ Biotopstruktur sich gegen das Wild auswirken kann, für welches sie gedacht ist. Denn sie vermag gleichzeitig auch den Beutegreifern zu dienen, denen sie das Jagen erleichtert.
Im Zusammenhang mit dem Räuber-Beute-Problem wirft sich die Frage nach der eventuellen Ersatzbeute auf. Die meisten der in unseren geographischen Breiten lebenden Greifvögel haben ein ziemlich breites Beutespektrum. Wie leicht sie und wieviel Beutetiere sie fangen, hängt gewöhnlich davon ab, welche von ihnen vorgezogen werden. Gibt es genügend Kleinnager, dann sind diese für viele Beutegreifer eine beliebte, weil leichte Beute. Meist ist dem so im Sommer und Herbst. Im Winter ist diese Beute weit schlechter fangbar, und im Frühjahr gibt es immer am wenigsten Kleinnager. Dann stellen sich die Greifvögel und natürlich auch andere Beutegreifer auf andere Beute um. Teilweise sind das dann auch jagdbare Tiere, insbesondere Junghasen, die im Beuteschema doch nichts anderes als größere Mäuse sind.
Eine besonders leichte, und somit alle Beutegreifer anreizende Beute sind Jungfasanen aus der Volierenzucht, die von Jägern ausgesetzt werden. Kein Wunder also, daß sich an diesen „Verhaltenskrüppeln“, um es ganz kraß auszudrücken, alle Beutegreifer gütlich tun, und dies sogar dann, wenn es nicht an Mäusen und anderer Beute mangelt (Pielowski 1981).
Anzuführen sind aber auch Beispiele ganz anderer Art. So können z. B. Rebhühner eine beliebte Beute des Habichts sein. Dies gilt aber nur dort,

wo es wirklich viele Rebhühner gibt und wo die Geländegestaltung, die Deckungsmöglichkeiten usw. derartig sind, daß sie den Habichten die Jagd auf diese Vögel erleichtern. Ist dies nicht so, fängt dieser Greif lieber Tauben und andere Vögel oder Wildkaninchen. Es kann also nicht die Rede davon sein, daß ein Rebhuhnbesatz von Habichten völlig ausgemerzt zu werden vermag. Es kommt der Zeitpunkt, an dem die Jagd auf die Hühner nicht mehr ergiebig genug ist. Und dies hat zur Folge, daß sich der Habicht auf andere Beutetiere umstellt. Wäre der Habicht z. B. nur von Rebhühnern abhängig, dann ginge er ein, ehe das letzte Huhn verschwände. Eine derartig simple Abhängigkeit konnte in Finnland beobachtet werden (Wikman u. Linden, 1981), wo es außer Rauhfußhühnern nicht viel Alternativ-Beutearten für den Habicht gibt. Bei großer Dichte machen sie dann auch bis zu 90% der Nahrung dieses Greifvogels aus. Werden sie selten, dann verringert sich auch ihr Anteil an der Nahrung der Habichte. Deren Fortpflanzungseffektivität wird sichtlich geringer, schließlich verschwinden die Habichte aus solchen beutearmen Gebieten.

Interessant sind in dieser Hinsicht auch die Untersuchungen von Hastädt und Sömmer (1987) über die Nahrung des Mäusebussards in der Gegend von Berlin. Die Autoren konnten feststellen, daß dieser Greifvogel, wenn generell auch auf den Fang von Mäusen eingestellt, zunehmend auch auf Vögel als potentielle Beute reagiert, sobald die Jagd auf Mäuse ineffektiv wird. Die Autoren sind der Ansicht, daß zur Brutzeit das erreichbare Angebot an Kleinsäugern in freier Flur, aufgrund der spezifischen Biotopverhältnisse in den Agrarlandschaften sehr gering ist. Infolgedessen kann der Mäusebussard mit diesen allein seinen und seiner Jungen Nahrungsbedarf nicht decken. Er ist dann aber durchaus in der Lage, diesen Mangel mit Vogelbeute auszugleichen. Woanders können das auch Junghasen sein, wie es Pielowski (im Druck) für Westpolen hat nachweisen können. Aber schon mit Beginn der Erntezeit gibt es wieder genügend offene Flächen, auf welchen der Bussard seiner Hauptbeute, den Feldmäusen, wieder nachstellen kann (Abb. 179).

Die sehr differenziert zu sehenden Räuber-Beute-Beziehungen werden von Kenward (1982) und Kalchreuter (1983) so systematisiert, daß

Abb. 179: Mäusebussard mit Beute (Kr.)

drei Intensitätsgrade des Beutegreiferdrucks unterschieden werden können. Unter Berücksichtigung eigener Überlegungen kann man sie in etwas abgeänderter Form wie folgt darstellen:

Grad I: Der Räubereingriff liegt im Bereich der dichteabhängigen Sterblichkeit der Beutetiere. Im wesentlichen wird nur der Anteil erbeutet, der sowieso infolge anderer Reduktionsfaktoren eliminiert würde. In diese Kategorie fallen also Beziehungen, in denen der Räuber nur junge, kranke oder schwach konditionierte Exemplare erbeuten kann und somit keinen Einfluß auf die Populationsdichte seiner Beutetiere hat.

Grad II: Der Räubereingriff ist höher, dadurch wird auch der Stammbesatz der Beutetiere angetastet. Günstige Resultate bei der Aufzucht der Jungen können aber dennoch die Herbstpopulation auf bisheriger Höhe halten, im Optimalfall sogar vergrößern. Ein gewisses Gleichgewicht kann sich dort einstellen, wo die Räuberdichte nicht zu hoch ist und wo für die Beutetiere gute Habitatsverhältnisse vorhanden sind.

Grad III: Der Räubereingriff ist so hoch, daß er auch durch höhere Fortpflanzungsraten nicht mehr auszugleichen ist. Der Bestand einer Beutetierart geht fortwährend zurück, so daß sie schließlich nur noch auf einem minimalen, für den Beutegreifer schon völlig uninteressanten Dichteniveau vegetiert. Diese Situation ist bei relativ leicht zu erbeutenden Arten und hoher Räuberdichte gegeben. Letztere ist aufgrund ei-

nes genügend großen Angebotes an Alternativbeute bedingt.
Die Übergänge zwischen diesen drei Graden sind natürlich fließend. Bei der gleichen Zusammenstellung von Beutegreifer und Beuteart kann der Räuberdruck, je nach der Fangbarkeit der Beute und der Räuberdichte wesentlich schwanken.
Als typisches Beispiel für die verschiedenen Variationen der Räuber-Beute-Beziehungen sei der Habicht und dessen Beute benutzt.
In die Kategorie von Grad I fällt die Beziehung des Habichts zu den schwer zu erbeutenden Krähen, Elstern und Hähern, von denen er allenfalls die Jungvögel, aber kaum die Brutpopulation reduzieren dürfte. Auch den Hasen als Habichtsbeute könnte man in diese Kategorie einstufen.
Räuberdruck zweiten Grades übt der Habicht in unseren Breiten auf Eichhörnchen, Wildkaninchen, Ringeltaube, Rebhuhn und Fasan aus, also Arten, die auch in der Kulturlandschaft günstige Lebensbedingungen vorfinden. Zwar kommen sie gegenwärtig meistens nicht mehr in sehr großer Dichte vor, sind jedoch nirgends vom Aussterben bedroht.
Dem dritten Grad entspricht in vielen Fällen der Einfluß des Habichts auf die nur noch lokalen und inselförmigen Vorkommen des Auer- und Birkwildes oder auch des Brachvogels, die außerdem noch als Bodenbrüter den erhöhten Druck behaarter Beutegreifer und des Schwarzwildes ausgesetzt sind. Die genannten Arten haben auch prinzipielle Überlebensschwierigkeiten aufgrund der sich für sie verschlechternden Umweltverhältnisse. Im Endeffekt ist in Mitteleuropa ein enormer zahlenmäßiger Rückgang, ja sogar das Verschwinden einzelner, lokaler Populationen zu vermerken.
Kalchreuter konstatiert aufgrund der obigen Gedanken, daß es der Mensch war, der den Räuberdruck des Habichts um einen Grad verschoben hat, indem er die genannten Beutetiere, und noch einige weitere mehr, benachteiligte, den Räuber (unbewußt) aber förderte. Schließlich stellt dieser Autor die Frage, ob es nicht gestattet sein sollte, zur Erhaltung der Artenvielfalt auch den befiederten Beutegreifer lokal zu reduzieren. So ließen sich wieder die Verhältnisse zweiten Grades zwischen Beutegreifer und Beute herstellen, die seit Urzeiten ihre Koexistenz ermöglicht hatten. Weiter bezweifelt er, daß bei hoher Beutegreiferdichte allein durch Biotopgestaltung dieses Ziel zu erreichen ist. Bisher vermochte dies in der Praxis in der Tat nicht bestätigt zu werden.
Das ist natürlich ein heißes und sehr diskussionswürdiges Thema, dessen Für und Wider nicht an dieser Stelle entschieden werden soll. Mit Sicherheit hat aber Kalchreuter zumindestens insofern Recht, als er dazu aufruft, das Denken in dieser Angelegenheit anstatt durch Emotionen von Pragmatismus bestimmen zu lassen.

6.

Greifvogelschutz

6.1

Allgemeines

Die Greifvögel sind eine der Tiergruppen, die gegenwärtig am meisten schutzbedürftig sind. Stark bedroht sind sie aufgrund von Umweltveränderungen, chemischer Verseuchung der ihnen verbliebenen Habitate, ständiger Beunruhigungen während der Brutzeit und direkter Verfolgung durch den Menschen. Nach einer Schätzung des bekannten holländischen Zoologen Voous hat sich der Greifvogelbestand in Europa während der letzten 150 Jahre um das Hundertfache verringert (Bijleveld (1974). Das ist eine erschütternde Feststellung. Es fällt nicht schwer, sich vorzustellen, wie die diesbezügliche Situation nach weiteren hundert Jahren aussehen wird. Wenn wir also diesen Teil der lebenden Natur für unsere Nachkommen erhalten wollen – und diese Pflicht obliegt uns –, dann müssen wir an das Problem des Greifvogelschutzes mit ganzem Ernst herantreten. Leider sieht es damit in Europa (um sich bei diesen Erwägungen nur auf unseren Kontinent zu beschränken) zur Zeit nicht besonders zufriedenstellend aus.

Nur in sechzehn europäischen Ländern genießen die Greifvögel vollen rechtlichen Schutz. In einigen dieser Länder ermöglichen es die Vorschriften in speziellen Fällen, daß Sondergenehmigungen für den Abschuß oder Fang erteilt werden. In einer Reihe von anderen Ländern sind manche Arten völlig ohne Schutz beziehungsweise nur teilweise geschützt. Begründet wird das gewöhnlich mit der Notwendigkeit, das Wild oder auch das Hausgeflügel schützen zu müssen. Und so sind z. B. in Bulgarien der Habicht, der Sperber, die Rohrweihe sowie der Mäusebussard nicht geschützt, in Rumänien desgleichen, ausgenommen der Mäusebussard. In der Tschechoslowakei dürfen Habicht, Mäusebussard und Rauhfußbussard in Gebieten mit intensiver Fasanenzucht erlegt werden. In Ungarn wiederum können in den Wildzuchtzentren Habicht und Sperber das ganze Jahr über bejagt werden. In allen übrigen Jagdgebieten sind Habicht, Sperber, Rohrweihe und Rauhfußbussard außerhalb der Brutzeit zum Abschuß und Fang freigegeben. Auch in Dänemark dürfen Habichte, Sperber und Mäusebussarde in Fasanenzuchtgebieten erlegt werden. In Finnland sind Habicht, Sperber und Rauhfußbussard außerhalb der Brutzeit ungeschützt. Auch in Schweden dürfen Habichte in Gebieten mit intensiver Niederwildhege oder Geflügelzucht geschossen bzw. gefangen werden. In Griechenland dürfen alle Greifvögel getötet werden, wenn man sie für schädlich ansieht! In Österreich, Jugoslawien, der Schweiz und in Italien gelten regionale, generell für die Greifvögel ungünstige Bestimmung über deren Schutz.

Insgesamt hat sich die rechtliche Situation der Greifvögel in den letzten zwanzig Jahren jedoch trotz alledem wesentlich verbessert. Bezeichnend ist, daß in den meisten Ländern eben der Habicht, der Sperber, die Rohrweihe und der Mäusebussard als „Ausnahmen“ angesehen werden und bloß deren Bestandsregulation zugelassen ist. Diese Arten werden aus dem Artenschutz mehr aufgrund von Vorurteilen und traditionellem Vertrauensmangel eines Teils der Bevölkerung ausgeschlossen als wegen bewiesener wirklicher Schädlichkeit. Beim Sperber ist das reiner Nonsens. Denn es gibt schon lange genügend Beweise dafür, daß er sich beinahe ausschließlich von Kleinvögeln ernährt, deren großen Zahlenbestand er nicht ernstlich verringern kann. Die Rohrweihe leidet genügend darunter, daß die ihr zusagenden Biotope zunehmend verschwinden. Darum ist es ein kardinaler Fehler, diesen Greif noch durch weitere, direkte Verfolgung zu dezimieren. Die Mißgunst des Menschen gegenüber dem Bussard resultiert hauptsächlich aus dessen verhältnismäßig hohen Bestandsdichte. Die Mißgunst wird dadurch, daß Bussarde ihre Anwesenheit deutlich demonstrieren, noch verstärkt. Seine Lebensweise zwingt ihn dazu, sich häufig zu zeigen. Einzelne Beobachtungen über „böse Taten" dieses Vogels werden nur allzu leicht verallgemeinert und auf die Gesamtzahl seines Bestandes hochgerechnet. Dadurch wird dann der Eindruck gefestigt, daß Bussarde schädliche Vögel seien. Lediglich beim Habicht kann in der Tat kein Zweifel darüber bestehen, daß er in bestimmten Situationen für den Menschen lästig sein kann. Dies ist allerdings nur eine Frage des menschlichen Maßes. Vom heutigen Mensch, der sich über die Notwendigkeit des Schutzes der Natur als Ganzheit und ohne Ausnahme bewußt ist, sollte man an sich erwarten, daß er den insgesamt doch geringen Schaden, den der Habicht verursacht, und die damit zusammenhängenden Kosten hinnimmt.

Die Bestandsdichte der Greifvögel ist im Vergleich zu anderen größeren Tieren niedrig. Das betrifft nicht nur die seltenen Greifvogelarten, sondern auch die häufiger vorkommenden, wie Habicht und Mäusebussard. Als Beispiel sei deren durchschnittliche Populationsdichte mit der von behaarten Beutegreifern verglichen, die etwa die gleichen Habitate bewohnen und auch von ähnlicher Nahrung leben. Bei einem Durchschnitt von einem Habicht und zwei Mäusebussarden pro 2.000 Hektar Wald- und Feldrevier – wie das z. B. in vielen Gegenden Polens der Fall ist – kommen auf gleicher Fläche mindestens acht Füchse und etwa genau so viel Marder und Iltisse vor. Diese leben aber versteckt, sind vorwiegend nachtaktiv und fallen nicht so auf wie die Greifvögel. Und noch ein Beispiel. In den polnischen Waldkarpaten und den großen Waldgebieten im Osten des Landes gibt es gegenwärtig gut 800 Wölfe und etwa 500 Luchse, dagegen nicht mehr als zehn Brutpaare des Steinadlers.

Die Greifvögel sind hinsichtlich ihre Fortpflanzungsquote nur wenig auf Verluste durch natürliche Feinde eingestellt. Darin unterscheiden sie sich von den vierfüßigen Beutegreifern und all ihren potentiellen Beutetieren. Die Dichte der Greifvogelpopulation reguliert sich durch Eigenmechanismen, also durch niedrigen natürlichen Zuwachs, große Sterblichkeit insbesondere der Nestlinge und Jungvögel, Territorialverhalten im Horstgebiet gegenüber anderen Individuen derselben Art und vor allem aufgrund der Reichhaltigkeit der Nahrungsbasis. Wie schon im Abschnitt 5.3 näher besprochen, gibt es dort, wo nur wenig Beute vorkommt, auch entsprechend wenig Greifvögel. Also, abgesehen von Ausnahmesituationen, besteht überhaupt keine Notwendigkeit dazu, daß z. B. der Jäger als Ersatzfaktor für die fehlenden großen Beutegreifer den Zahlenbestand der Greifvögel regulieren muß, wie er das bei verschiedenen Wildarten tut und auch tun muß!

Die Greifvögel sind sehr empfindliche Bioindikatoren (biologische Weiser) für die Verseuchung der Umwelt durch verschiedene chemische Substanzen. Trotz verschärfter rechtlicher Bestimmungen und auch praktischer Schutzmaßnahmen befinden sich einige Arten, zumindestens aber deren regionale Populationen kurz vor dem Aussterben. Die Ursache dafür liegt in der vom Menschen nicht beabsichtigten negativen Auswirkung von Schadsubstanzen auf die Umwelt. Die Vögel reagieren besonders empfindlich auf Umweltverseuchungen mit Quecksilberverbindungen, chlorierten Kohlenwasserstoffen und polychlorierten Biphenylen. Dies hängt damit zusammen, daß sich diese chemischen Substanzen in den Nahrungsketten der Natur anreichern, deren Endglied eben vogel- und fischfressende Greifvogelarten sind. Es läßt sich quasi von selbst die Schlußfolgerung ziehen, daß in dieser schweren, vom Menschen verschuldeten Situation, weitere Reduktionsmaßnahmen der Greifvögel in Form von Abschuß und Fang, Horstzerstörung usw. moralisch gesehen, nicht mehr vertretbar sind.

Im Jahre 1974 ist ein interessantes Buch des Holländers Bijleveld über die Greifvögel Europas erschienen. Es informiert gründlich über die Situation der Greifvogelpopulationen, die Ursachen für deren Bestandsverringerung und über den Stand ihres Schutzes. Der Forscher ist zu folgenden Schlüssen gekommen: Der Rückgang der meisten Arten in Europa spitzt sich in allen Ländern bedrohlich zu. Das hängt überall mit

den umweltzerstörenden Aktivitäten des Menschen zusammen, vor allem im Bereich der Land- und Forstwirtschaft. In der Vergangenheit – leider teilweise noch heute – spielt zudem die offenen oder getarnte Verfolgung der Greifvögel eine bedeutende Rolle. Das führte in den Nachkriegsjahren dazu, daß ganze regionale Populationen der Geier, Adler und Falken erloschen sind. Dem Urteil des obigen Autors nach verloren in den ersten drei Jahrzehnten nach dem Krieg eine Reihe von Arten 50 bis 90% ihres Bestandes. Von den in Europa brütenden Greifvogelarten bedürfen heute fünfzehn eines besonderen Schutzes und spezieller Betreuung.
Der bedeutende englische Greifvogelkenner Leslie Brown (1976) traf mit Recht die Feststellung, daß es allein der Mensch war, der den Schutz der Greifvögel überhaupt notwendig gemacht hat. Er fordert deshalb, daß nun auch ausschließlich der Mensch dazu verpflichtet sei, entsprechende Schutzmaßnahmen zu treffen. Brown sieht richtigerweise die Reihenfolge der notwendigen Aktivitäten so: Zunächst muß festgestellt werden, welche Arten gefährdet sind und wie groß das Ausmaß ihrer Bedrohung tatsächlich ist. Dann muß herausgefunden werden, welcher Art die Bedrohung ist, denn sie kann direkt sein, also etwa aufgrund von Verfolgung, oder auch indirekt, durch Lebensraumzerstörung oder chemische Verseuchung. Schließlich müssen Maßnahmen ergriffen werden, um der Gefährdung Einhalt zu gebieten.
Die für die gesamte Welt geltenden Erwägungen dieses Autors auf den uns näheren europäischen Raum übertragend und gleichzeitig um gewisse weitere Aspekte erweiternd, sollte man bei der Festlegung des Bedrohungsgrades folgendes berücksichtigen:
Es muß unterschieden werden zwischen Arten und deren Unterarten oder geographischen Formen sowie zwischen Populationen. Gerade bestimmte Populationen können lokal stark gefährdet sein, was nicht für die ganze Art zutreffen muß. So ist es z. B. mit dem Kaiseradler, der in seinem östlichen Verbreitungsareal zwar bedroht, aber nicht existenziell gefährdet ist. Die spanische Unterart dagegen befindet sich in höchster Gefahr (Abb. 180). Der Wanderfalke ist in Europa generell gefährdet. In bedeutend geringerem Maße betrifft das aber die schottische Population und auch die Unterart *F. p. brookei*, die den Süden des Kontinents besiedelt. Praktisch völlig erloschen ist die mittel- und osteuropäische Baumbrüterpopulation.
Weiter muß zwischen seltenen und bedrohten Arten unterschieden werden, denn nicht immer ist beides identisch. Gibt es doch Arten, die von Natur aus seltener sind als andere. Das muß durchaus nicht heißen, daß auch ihr Bedrohungsgrad entsprechend höher ist. In Mitteleuropa betrifft das z. B. den Schreiadler, den Wespenbussard und beide Milanarten. Regional

Abb. 180: Kaiseradler (spanische Unterart) am Horst (Mey.)

Abb. 181: Turmfalke (Ła.)

dagegen scheint der Turmfalke bedroht zu sein, wenn sein Zahlenbestand in Mitteleuropa auch gegenwärtig noch vielfach höher ist als derjenige der vorher genannten Arten (Abb. 181). Wesentlich in dieser Hinsicht ist vor allem der Trend der Populationsdynamik, weniger wichtig ist es wohl, auf welchem Niveau sie verläuft.
Zu berücksichtigen ist noch ein Moment. Betrachtet man die Bestandssituation einer Art ausschließlich anhand des Territoriums eines Landes, dann werden leicht sehr irrige Schlüsse über ihr Vorkommen gezogen. Schelladler und Schlangenadler, Rötelfalke und Rotfußfalke haben z. B. in Ostpolen ihre westliche Verbreitungsgrenze. Dies bedingt automatisch, daß sie in diesem Land selten sind. Erstens sind sie nur ganz lokal vorzufinden und zweitens ist ihre Siedlungsdichte nur sehr gering. Dies ist in den Randzonen des Artenareals ganz normal. Das heißt aber nicht, daß man solche Arten zu den äußerst seltenen oder auch stark bedrohten Greifen zählen darf. Entscheidend dafür ist vielmehr ihre Populationssituation im grundsätzlichen Verbreitungsgebiet.
Um die weltweiten Bemühungen für den Schutz der Greifvögel wirksamer zu machen, ist 1970 die Weltarbeitsgruppe für Greifvögel und Eulen organisiert worden. Sie setzt sich aus Spezialisten vieler Länder zusammen. Ihre Aufgabe ist es u. a., das Studium und den Schutz der Greifvögel zu koordinieren, ein Programm bezüglich der Sammlung von Informationen über die gesetzliche und tatsächliche Situation der Greifvögel auszuarbeiten und auch ein gründliches Studium sowie einen wirkungsvollen Schutz dieser Vögel in der ganzen Welt zu fördern und zu koordinieren. Die Arbeitsgruppe ist sehr aktiv und kann auf ihr Konto eine Reihe von Erfolgen verbuchen. Regelmäßig werden Rundbriefe und Bulletins herausgegeben, alle paar Jahre finden Weltkonferenzen über Greifvögel und Eulen statt, in deren Folge umfangreiche Tagungsberichte veröffentlicht werden. Sie enthalten Beiträge von namhaften Greifvogelforschern aus vielen Ländern .

6.2

Bedrohung für die Greifvögel

Chemische Verseuchung der Umwelt

Aufgrund zahlreicher, teilweise sehr eingehender Untersuchungen aus den USA, Großbritannien, Schweden, Finnland, Deutschland u. a. m. ist ohne jeden Zweifel nachgewiesen worden, daß der Bestandsrückgang mancher Greifvogelarten wesentlich in der – seit den fünfziger Jahren in Land- und Forstwirtschaft stattfindenden – Massenanwendung von chemischen Pflanzenschutzmitteln aus der Gruppe der chlorierten Kohlenwasserstoffe gründet. Es sind dies das allgemein bekannte DDT und dessen Metaboliten wie auch HCH. Anfangs glaubte man, daß diese Insektizide und Fungizide ein echter Segen für die Menschheit seien. Ihretwegen nahmen die Produktion von landwirtschaftlichen Enderzeugnissen stark zu. Und sie ermöglichten es, schlimme Tropenkrankheiten wie Malaria, Schlafkrankheit etc. wirksam zu bekämpfen. Mit der Zeit erkannte man jedoch auch die verschiedenen Nebenwirkungen dieser Gifte. Dazu zählt, daß diese Gifte fast alle Insekten vernichten. Bei langzeitiger und großflächiger Anwendung dieser Gifte kommt es also zu Veränderungen in der Artenzusammensetzung und der Dichte der Insektenfauna, einschließlich all der Auswirkungen auf die Ökosysteme. Noch gefährlicher ist aber eine andere Eigenschaft dieser Mittel, nämlich ihre große chemische Festigkeit. Die Gifte werden in unveränderter Form in den Kreislauf der Natur eingespannt, und ihr Anteil darin vergrößert sich ständig. Da gut in Fetten auflösbar, werden sie besonders in Tierorganismen gelagert und im Rahmen von Nahrungsketten weiter übertragen und angereichert. Als Endglieder solcher Ketten nehmen die Greifvögel diese toxischen Substanzen auf, die sich dann im Fett, in der Leber und in anderen Organen weiter kummulieren.

Es gibt, wie schon weiter oben erwähnt, auch noch eine andere, nicht weniger gefährliche Gruppe von chlorförmigen Schadstoffen, die sogenannten Plastizide (polychlorierte Biphenyle, gekürzt – PCB), die hauptsächlich über Industrieemissionen in die Umwelt gelangen. In der Industrie finden sie vielseitige Anwendung in der Isolations-, Kühl- und Elektrotechnik, bei der Produktion von Farben, Lacken, Kunstharz, Kunstfaser und Verpackungen. Ihre Emission erfolgt nicht „absichtlich", wie es z. B. bei den Pflanzenschutzmitteln der Fall ist. Dennoch geraten sie über Verbrennung und verschiedene chemische Prozesse in die natürliche Umwelt, die dadurch in immer größerem Maße vergiftet wird.

Es ist erwiesen, daß sowohl die eine als auch die andere Gruppe dieser Substanzen einen zerstörenden Einfluß auf die Fortpflanzungsprozesse der Vögel hat. Der englische Forscher Ratcliffe (1967, 1970), der sich eingehend mit diesem Problem befaßt hat, bezeichnete den ganzen Komplex der damit zusammenhängenden Erscheinungen als „Pestizidsyndrom". Dazu gehören u. a. extrem dünne Eierschalen, große Embryonensterblichkeit und Störungen im Brutverhalten. Andere Autoren kamen aufgrund ihrer Untersuchungen zu dem Schluß, daß insbesondere DDE, ein Metabolit des DDT, als solcher allein oder auch in Verbindung mit anderen Bioziden die Funktionsmechanismen der Hormone, die Ovolution, die Spermaproduktion, die Kalkwirtschaft, das sexual gelenkte Balzverhalten und das Verhalten bei der Pflege der Nachkommen beeinflußt, indem es diese Pro-

zesse stört oder sogar völlig blockiert. Nach Conrad (1977) sowie Baum und Conrad (1978) ist in Deutschland der Wanderfalke von allen Greifvögeln am meisten durch Pestizide belastet. In der einzigen, in diesem Land durchgehend funktionierenden Population dieses Falken, nämlich in Baden-Württemberg, verringerte sich der Kontaminationsgrad der Biozide jedoch in den siebziger Jahren, also nach dem Anwendungsverbot für einige dieser Mittel (Schilling und König 1980). In England konnte festgestellt werden, daß mit zunehmendem Einsatz von DDT sich ab 1950 das Gewicht der Eierschalen des Wanderfalken um beinahe 18% verringerte. Gleichzeitig stiegen die Brutverluste aufgrund von Eizerquetschungen von 3% auf 28% (Ratcliffe, 1967, 1970). Jedoch ist schon ab 1967, also nur wenige Jahre nachdem die chlorierten Wasserstoffe in der Land- und Forstwirtschaft nicht mehr angewendet werden durften, der Rückgang der Wanderfalkenpopulation gestoppt worden. Gegenwärtig ist diese Greifvogelart in manchen der dortigen Regionen nicht mehr gefährdet (Ratcliffe, 1985).
Verwunderlich ist in dem Zusammenhag dies. Der Baumfalke ist ein sehr naher Verwandter des Wanderfalkens und ebenfalls ein entschiedener Vogelfresser. Sein Bestand ist auch stark zurückgegangen. Dennoch konnte nicht der Beweis dafür erbracht werden, daß der Bestandsrückgang direkt mit der Biozidbelastung zusammenhängt (Fiuczynski, 1981). Nach Angaben

Abb. 182: Baumfalke mit Beute (Ła.)

von Fiuczynski haben sich die Brutergebnisse des Baumfalken in der ehemaligen DDR nicht verschlechtert, und die Eier sind nur wenig mit DDT und PCB vergiftet. Die Dicke der Eischale verringerte sich jedoch um 12%. Man könnte die Hypothese aufstellen, daß die Nahrungskette, durch welche die Anreicherung der toxischen Substanzen stattfindet, hier kürzer als beim Wanderfalken und etwas anders aufgebaut und somit ihr Endglied weniger gefährdet ist. In den letzten Jahren wird übrigens in einer Reihe von Ländern eine gewisse Stabilisierung des Zahlenbestands des Baumfalken beobachtet (Abb. 182).
Beim Sperber wiederum ist der Einfluß von Bioziden auf seine Fortpflanzung evident und in ganz ähnlicher Weise nachweisbar wie beim Wanderfalken. Angaben aus verschiedenen Ländern, aber insbesondere aus Großbritannien (Newton, 1986) und Deutschland (Conrad, 1977), weisen auf eine wesentliche Korrelation zwischen dem Gehalt von DDT in den Eiern des Sperbers und der Dicke ihrer Schalen hin. Die Korrelation gilt auch für DDT und den Mangel an befruchteten Eiern bzw. die Embryonensterblichkeit. Zahlenmäßig sehr gut belegtes britisches Material aus den letzten 110 Jahren zeigt eindeutig, daß die Schalendicke der Sperbereier sich während der Zeit des Masseneinsatzes von DDT in der Landwirtschaft drastisch verringert hat. Die Populationssituation des Sperbers verbesserte sich nach dem Verbot dieser Mittel sichtlich. Ortlieb (1987), der aufgrund von Literaturangaben die diesbezügliche Lage in vielen Ländern Europas analysierte, weist auf die „Rückkehr" des Sperbers in zahlreichen Regionen unseres Kontinents hin. Besonders interessant erscheint in diesem Zusammenhang die in Holland und Dänemark festgestellte, deutlich ansteigende Fortpflanzungsrate des Sperbers bei gleichzeitig andauernder starker toxischer Belastung der Eier und deren kritisch dünner Schale. Dyck u. a. (1981) wie auch Fuchs und Thissen (1981) sind der Ansicht, daß hier ein Ausleseprozeß stattfinden kann, Ergebnis ist, daß nur die Weibchen überleben, die am widerstandsfähigsten gegen diese Gifte sind. Auch wird eine weitere Hypothese formuliert. Derzufolge können durch entsprechende Auslese immer mehr solch ruhiger Weibchen in der Population vor, die sehr vorsichtig mit den leicht brüchigen Eiern umgehen. Nun, möglich wäre das schon, es

sollte dann aber auch für den Wanderfalken zutreffen. Offen bleibt jedoch die Frage, warum der Sperber anders als der schon erwähnte Baumfalke auf die Vergiftung der Umwelt mit Bioziden reagiert. Beides sind Greife von etwa gleicher Größe. Beide ernähren sich fast ausschließlich von Vögeln, wobei die Listen der erbeuteten Vogelarten allerdings recht unterschiedlich sind. Nach Uttendörfer (1952) besteht die Beute des Baumfalken zu 39% aus Schwalben, 20% sind Lerchen und 5% Sperlinge. Beim Sperber stellen die Schwalben nur 5% der Nahrung dar, Lerchen 6%, Sperlinge 14% und weitere 14% die Drosseln. Berücksichtigt werden müßte hier noch, daß wir nur etwas über die Nahrung des Baumfalken in der Brutzeit wissen, wogegen kaum bekannt ist, womit er sich in seinen afrikanischen Winterquartieren ernährt. Der Sperber fängt im Herbst und Winter vorrangig Körnerfresser. Möglicherweise ist dies der Kernpunkt der Sache. Man kann nämlich nicht ausschließen, daß die Beutetiere je nach ihrer unterschiedlichen tierischen und pflanzlichen Nahrung verschieden stark mit Bioziden belastet sind, was sich dann auch entsprechend unterschiedlich auf die Beutegreifer auswirkt. Mit Hilfe von Bioziduntersuchungen der Beutetiere wäre das zu klären.

Bezeichnend ist in diesem Zusammenhang auch die Tatsache, daß z. B. Biozide die Fortpflanzung der mäusefressenden Turmfalken und Mäusebussarde nicht bedeutend beeinflussen. Die Überbleibsel von chlorierten Kohlenwasserstoffen im Organismus dieser Vögel weisen die niedrigsten Werte von allen untersuchten Greifvogelarten auf (Conrad, 1977; Lidzbarski, 1987 u. a.).

Auch beim Habicht sind nur beschränkte Auswirkungen des „Pestizidsyndroms“ festzustellen. Zwar konnten in seinen Eiern Reste von DDT gefunden und auch eine gewisse Verringerung der Schalendicke nachgewiesen werden, doch nicht in einem Maß, das auf eine bedrohliche Situation hinweist (Anderson und Hickey, 1974; Conrad, 1977; Joris u. a. 1979). Und wieder stellt sich die Frage, auf die wir keine zufriedenstellende Antwort haben: Warum besteht für den Habicht keine Biozidgefährdung, die z. B. für den Wanderfalken so gravierende Folgen hat?

Stark bedroht ist der Seeadler. In seinem gesamten europäischen Verbreitungsareal nimmt seine Fähigkeit, sich zu vermehren, ab. In seinen Eiern sind ungewöhnlich hohe Mengen von DDT gefunden worden. Es sind Verdünnungen der Eischale um 20%, ja maximal sogar bis 40% notiert worden (Anderson und Hickey, 1974; Koivusaari u. a. 1972; Oehme, 1987). Nach den in Klammern genannten Autoren ist schon eine Verringerung der Eischalendicke um nur 10% – was Eizerquetschungen und vergrößerte Embryonensterblichkeit nach sich zieht – für die Population sehr bedrohlich. Dazu kommen noch die toxischen Auswirkungen von Quecksilberverbindungen, die in Beizmitteln für das Saatgut vorhanden sind. Durch sie ist nachweislich das Gefälle des Zahlenbestandes des Seeadlers in Skandinavien und Mitteleuropa mitverursacht worden (Oehme, 1981). Trotz des Verbotes oder zumindestens der starken Beschränkung des Einsatzes von DDT in den meisten Ländern Europas Anfang der siebziger Jahre sind die schädlichen Substanzen auch weiterhin allgegenwärtig im Boden, im Wasser wie auch in pflanzlichen und tierischen Organismen. Die hohe Festigkeit dieser chemischen Verbindungen läßt vermuten, daß die durch sie verursachten Vergiftungen der Umwelt sich nur langsam wieder abbauen werden. Optimisten sprechen hier von zwanzig bis dreißig Jahren. Gleichzeitig wird aber die Umwelt leider in zunehmendem Maße über Industrieemissionen mit den schon erwähnten Plastiziden belastet. Das sind Substanzen, die ganz ähnliche Eigenschaften haben wie DDT und seine Metaboliten und keineswegs weniger gefährlich sind. Was die Greifvögel anbetrifft, so ist festgestellt worden, daß die Pestizide in allen Greifvögeln nachweisbar sind, und das in Mengen, die häufig die von DDT überschreiten. Man ist heute noch nicht einmal in der Lage, daß Ausmaß dieser Emissionen richtig zu beurteilen, gar nicht zu reden von den Chancen, sie einzudämmen oder gar zu beenden. Für die uns besonders interessierenden Greifvögel bedeutet das keine guten Zukunftsaussichten!

Umweltveränderungen

Für die meisten Greifvögel ist der Wald ein wesentlicher Lebensraum. Er bietet diesen Vögeln günstige Horstmöglichkeiten und Schutz vor schlechten Wetterverhältnissen. Seine reiche Tierwelt stellt auch einen bedeutenden Teil ihrer

Abb. 183: Horst des Mäusebussards im Stangenholz auf dem Wipfel einer jungen Kiefer (Pin.)

Nahrungsbasis dar usw. In der Kulturlandschaft unserer Zivilisation werden leider auch die Waldökosysteme weitgehend zerstört und umgewandelt. Die gegenwärtige Forstwirtschaft wird von ökonomischen Prinzipien bestimmt, die meistens nur wenig mit den biologischen Bedürfnissen des Waldes gemeinsam haben. So wird z. B. das Erntealter der Baumbestände immer mehr heruntergesetzt, und daher gibt es immer weniger Althölzer. Den Greifvögeln werden dadurch die Horstmöglichkeiten genommen. Der Mäusebussard hat sich umgestellt und

Abb. 184: Fischadlerhorst auf einzelnem Überhälter (Zei.)

baut bei Mangel an alten Bäumen seinen Horst auch in etwas älteren Stangenhölzern (Abb. 183). Auch der Habicht scheint nicht mehr unbedingt von Althölzern abhängig zu sein. Für Wanderfalken, Schlangenadler, Schreiadler, Seeadler und Steinadler sind als Baumbrüter hohe Horstbäume in ausgedehnten, ruhigen Althölzern unbedingt notwendig. Der Seeadler bleibt dem Horststandort manchmal treu, wenn man um den Horstbaum wenigstens eine Gruppe von weiteren alten Bäumen stehenläßt. Der Fischadler begnügt sich sogar mit einem einzelnen Überhälter, wenn er nur an einem richtigen Ort steht (Abb. 184). Die anderen Adler bedürfen jedoch als Horstgebiet großflächiger Althölzer. Nicht besser sieht es auch mit anderen Brutbiotopen der Greifvögel aus, wie z. B. mit Feuchtgebieten. Um diese der Landwirtschaft zugänglich zu machen, werden sie rücksichtslos trockengelegt und kultiviert – verlieren ihren ursprünglichen Charakter und ihren Wert als Lebensraum für viele Vögel. Zweifelsohne ist das eine der Hauptursachen für den drastischen Rückgang der Korn- und der Wiesenweihe, teilweise auch der Rohrweihe in Europa (Newton, 1979; Kolbe, 1987, u. a.).

In den ersten Jahren nach dem II. Weltkrieg haben verschiedene Greifvögel, insbesondere Turm- und Wanderfalke, in den zerstörten Städten ausgezeichnete Lebensbedingungen gefunden. In den Häuserruinen gab es jede Menge Horstplätze, und die Fülle an Ratten, Mäusen, Sperlingen und verwilderten Tauben bot ein reiches Nahrungsangebot. Mit der Zeit sind die Städte wieder aufgebaut worden, und die dort vorkommenden Greifvögel haben den attraktiven „Ruderalbiotop" verloren. Sie mußten sich zum großen Teil aus den Städten zurückziehen.

Andere Aktivitäten des Menschen

Es besteht kein Zweifel darüber, daß der Mensch maßgeblich dazu beiträgt oder besser gesagt, dazu beigetragen hat, den Bestand vieler Greifvogelarten zu dezimieren. Mit Grausen liest man heute alte Jagdstatistiken, in denen für die einzelnen Reviere die Jahresstrecken von erlegten Adlern, Falken, Habichten, Bussarden usw. angegeben sind. Mit der Zeit wurden diese Strecken immer geringer, was mit dem Schrumpfen der

Greifvogelbestände zusammengehangen zu haben scheint, die diesen starken Jagddruck nicht mehr verkraften konnten. Die geringen Strecken gründeten nicht in einer veränderten Einstellung der Jäger zu den Greifvögeln. Eine grundsätzliche Verbesserung dieser Situation fand an sich erst in den letzten dreißig Jahren statt. Neue Naturschutzgesetze, intensive Aufklärungsarbeit und nicht zuletzt auch das ständig steigende Verständnis der Jäger für die Belange des Naturschutzes haben hier bedeutende Resultate zur Folge. Aufgrund der Bedeutung dieses Problems und der häufig kontroversen Standpunkte dazu, soll ihm ein spezielles Kapitel dieses Buches gewidmet werden.

In früheren Zeiten waren es auch die Falkner, die dazu beigetragen haben, daß manche Greifvogelarten, insbesondere die nordischen Gerfalken, seltener geworden sind. Die einheimischen Populationen des Wanderfalken und des Sakers wurden zwar auch ziemlich intensiv zu falknerischen Zwecken ausgebeutet, gleichzeitig aber auch rigoros vor anderen Bedrohungen geschützt. Nach dem Erlöschen der Falknerei im 18. Jahrhundert gab es in Europa noch sehr viele Falken. Die neuzeitliche Falknerei, in Europa von wohl kaum mehr als tausend Personen ausgeübt, war anfangs keine echte Gefahr für den Falkenbestand. Später jedoch sehr wohl, das galt ganz besonders für die noch verbleibenden Restpopulationen des Wanderfalken. Auch die Bestände von Saker und Gerfalken dürfen keinesfalls mehr durch die Falkner geschmälert werden. Leider werden zumindest immer wieder vereinzelt Horste von Falknern ausgeraubt. Jedoch stellen diese Einzelfälle keine echte Bedrohung für die Falken dar. Als Gegenargument zu dem Vorwurf jener Greifvogelschützer, die auch heute noch in den Falknern die größte Gefahr für den Wanderfalken sehen, möge die Tatsache dienen, daß auch in Polen, in den Baltischen Republiken und in den westlichen Regionen der ehemaligen Sowjetunion die Populationen dieser Greifvogelart völlig zusammengebrochen sind, ohne daß dort jemals auch nur ein Vogel zu falknerischen Zwecken ausgehorstet worden ist. In Polen war nämlich bis vor nicht langem nur der Habicht als Beizvogel zugelassen, und in den weiteren genannten Ländern gibt es praktisch überhaupt keine Falknerei (Abb. 185). Eine wirkliche Gefahr für die Greifvögel stellen z. B. in Polen die Taubenzüchter dar, von denen in diesem Zusammenhang kaum oder auch gar nicht gesprochen wird. Es gibt dort etwa eine halbe Million Taubenliebhaber, deren Großteil nur die Tauben sieht und zu deren „Schutz" Greifvögel fängt und tötet oder ihnen die Horste mitsamt der Brut zerstört. Mit hoher Wahrscheinlichkeit ist anzunehmen, daß in anderen Ländern die Situation ähnlich ist. Leider wird nichts getan, um diese falsche Einstellung der Taubenzüchter zu ändern, deren häufig überforderte Weitflieger oder überzüchtete Schaustükke natürlich leichte Beute der Greife sind. Genau so feindselig ist auch das Verhältnis der Geflügelzüchter zu den Greifvögeln. In Polen ist es beispielsweise auf dem Land sehr verbreitet, Hühner, Gänse und Enten zu halten. Dabei sind gewisse Verluste aufgrund verschiedener geflügelter und vierfüßiger Beutegreifer unumgänglich. Das Geflügel entfernt sich häufig recht weit vom Bauernhof, insbesondere dann, wenn es nur schlecht gefüttert und schwach behütet wird. Durch sein wenig vorsichtiges Verhalten zieht es die Beutegreifer förmlich an und wird dann deren leichte Beute. Lediglich der Habicht und manchmal auch der Bussard nutzen dies, aber sämtliche Greifvogelarten haben darunter zu leiden. In machen Gegenden Polens werden im Frühjahr beinahe traditionell richtige „Strafexpeditionen" in die Wälder veranstaltet, um die Habichtshorste zu zerstören. Ohne Pardon werden dabei alle nur angetroffenen Horste von

Abb. 185: Falkner mit Habicht (Pin.)

Greifvögeln vernichtet. Manchmal werden in den ausgeraubten Horsten noch Schlageisen aufgestellt, um auch die Altvögel zu fangen. Alles in allem eine schlimme Sache, deren Bekämpfung für das Forstpersonal und die Naturschützer nicht einfach ist. Ein Wort bedarf es noch zur Sammelsucht der Menschen. Vogeleier sind ein beliebtes Sammelobjekt. Die Gelege von seltenenen Greifvogelarten stehen hoch im Kurs, und die Sammler scheuen keine Mühe, um in deren Besitz zu gelangen. Bezahlt werden dabei ziemlich hohe Summen. Mit dem Raub der Eier befassen sich meistens spezialisierte Diebesbanden, die genau wissen, wo und wie die Eier aus den Horsten geholt werden müssen, wie sie über Landesgrenzen geschmuggelt und dann an den Mann zu bringen sind. In den letzten Jahren ist besonders Osteuropa Aktionsgebiet solcher Gangs. Das gleiche betrifft übrigens auch tote Exemplare dieser Vögel, oftmals schon als ausgestopfte Präparate. Die Grenzzollbehörden und die Polizei wissen zwar von diesen miesen Geschäften, haben es aber schwer, hier wirksam einzugreifen.

Reaktion der Greifvögel auf die für sie bedrohlichen Umweltveränderungen.

Wie schon weiter oben besprochen, hat der starke Rückgang mancher Greifvogelarten verschiedene Ursachen, deren Einfluß jedoch durch die gleiche innerartliche Eigenschaft – nämlich mangelnde biologische Anpassungsfähigkeit – verstärkt wird. Man kann hier mit der von dem polnischen Zoologen Graczyk (1975) ausgesprochenen These übereinstimmen, daß der Mensch in seinem Entwicklungsprozeß mit einer Reihe von Tierarten ein natürliches Gefüge gegenseitiger Abhängigkeiten gestaltet hat, u. a. in Form von Räuber-Beute-Beziehungen, Konkurrenzbeziehungen und dergleichen. Diese Abhängigkeiten haben sich gewiß in räumlicher wie auch zeitlicher Hinsicht verschieden geordnet, haben jedoch bis zum heutigen Tag bei vielen wildlebenden Vögeln und Säugern eine in unterschiedlichem Maße ausgeprägte Angst vor dem Menschen hinterlassen. Dies bewirkte u. a., daß der ständige und vielfältige Einfluß des Menschen auf das biologische Gefüge der Umwelt in der Konsequenz den Zahlenbestand von Tierpopulationen positiv oder negativ verändert. Manche Arten sind trotz aller Schutzmaßnahmen in ihrem Bestand bedroht, andere wiederum machen langsame Adaptionsumwandlungen durch. Sie bilden Populationen, die an das Leben in den heutigen ökologischen Verhältnissen angepaßt sind. Unter den europäischen Greifvögeln sind vor allem die Adler- und Geierarten als biologisch besonders konservativ und wenig veränderbar anzusehen, was allerdings auch mit deren recht spezifischen Umweltanforderungen verbunden ist. Eine Reihe von anderen Arten bilden jedoch geradezu umgekehrte Beispiele. Mäusebussard, Rohrweihe, Habicht und teilweise auch Sperber sind auf dem besten Wege, neue Populationen mit an die veränderte Umweltverhältnisse angepaßten biologischen und ökologischen Eigenschaften zu bilden. Es reicht hier, das vielfach beboachtete Verhalten des Mäusebussards und auch der Rohrweihe in der Agrarlandschaft anzuführen (Abb. 186), die dort ökologische Ersatznischen für ihre eigentlichen Habitate, nämlich Wälder oder Feuchtgebiete, finden (Pielowski, 1990 u. a.). Beide Arten haben ihre Horstplatzgewohnheiten und noch vielmehr ihre Nahrungszusammensetzung geändert. Auch Habicht und Sperber haben es gelernt, in der Kulturlandschaft zu leben und sich dort gedeihlich zu entwickeln. Betrachtet man dieses Problem rein theoretisch und etwas optimistisch, dann erscheint es als durchaus möglich, daß auch andere Arten wie Wanderfalke, Seeadler, Fischadler, Steinadler und noch einige mehr ähnliche Anpassungen durchmachen und in Zukunft in der Lage sein werden, in ganz Europa wieder biologisch voll funktionsfähige Populationen zu bilden.

Abb. 186: Rohrweihenhorst mit Jungen in einem Kornfeld (Pin.)

6.3

Greifvögel und Jagd

Noch vor gar nicht langer Zeit herrschte nicht nur unter völligen Laien die Ansicht, daß die Greifvögel zu den blutrünstigsten Tieren gehören. Es wurde ihnen eine unerhörte Kraft beigemessen, ein unersättlicher Appetit, eine erbarmungslose Raubgier und eine zügellose Lust, alles zu morden, was sich nur überwältigen und fressen ließ. Die Habichte sollten ganze Hausgeflügelschwärme aufgerieben und die Niederwildbestände verheert haben. Die Falken hätten die Haustauben dezimiert. Adler und Geier massenweise Schafe und Rinderkälber getötet, ja sogar kleine Kinder geraubt. Fischadler und Seeadler hätten in den Zuchtteichen sämtliche Karpfen und Forellen herausgefischt und dabei auch das Wasserwild nicht verschmäht. Auf die bei Gott nun wirklich ziemlich harmlosen Bussarde, Milane, Weihen und Sperber hat man die ganze Schuld für die Besatzesschwankungen beim Niederwild geschoben. Zum Teil gelten diese Verleumdungen bei vielen Menschen – zumindest im Unterwußtsein – noch heute als Tatsachen. Aufgrund nur oberflächlicher Beobachtungen und subjektiver Vorurteile ist ein über ganze Generationen weitergeleitetes negatives Bild dieser Vögel geschaffen worden. Dies gründet darin, daß der Mensch die Tierwelt in „nützliche" und „schädliche" Tiere einteilte.

Diese Einstellung hatten auch die Jäger: Sie erklärten die Greifvögel zu ihren überflüssigen Konkurrenten bei der Nutzung bestimmter Säuger und Vögel. Als gefährliche Räuber und unrechtmäßige Nutznießer sollten sie vernichtet werden, wo man sie nur antraf. Diese Zeiten sind glücklicherweise vorbei. Auch die Jäger, die den Auftrag haben, einen Teil der lebenden Ressourcen der Natur zu bewirtschaften, betrachten das Greifvogelproblem heute anders. Dies schließt allerdings nicht die sogenannten „schwarzen Schafe" aus, die leider überall im gesellschaftlichen Leben vorkommen. Den Sinneswandel der Jäger beeinflußte folgendes:

- Gut dokumentierte Forschungsergebnisse bewiesen eindeutig, daß nur ganz wenige Greifvogelarten überhaupt als potentielle „Räuber" für das Wild in Frage kommen und daß sie gleichzeitig auch einen Auslesefaktor für die Beutetierpopulationen darstellen, der positive Bedeutung haben kann.
- Es wuchs das Bewußtsein der Jäger, daß in der heutigen Zeit das gesamte Naturgeschehen weitaus wichtiger ist als die Interessen einzelner gesellschaftlicher Gruppen, die den Reichtum der Natur nutzen.
- Es verstärkte sich das Bewußtsein darüber, daß andere Faktoren in vielfach höherem Maß dazu beitragen, den Zahlenbestand des Niederwildes zu senken, als dies die Greifvögel tun können.
- Schließlich wurden Rechtsverordnungen erlassen, die eindeutig den Schutz der Greifvögel festlegten, Verordnungen, die mit Beistimmung der Jägerschaft gesetzeskräftig worden sind.

Bezüglich Europa kann man gegenwärtig mit vollem Recht feststellen, daß lediglich zwei Greifvogelarten eventuell für die Jagdwirtschaft bedeutsam sein können, nämlich der Habicht und der Mäusebussard. Alle anderen Arten sind entweder zu selten, um überhaupt irgend einen Einfluß auf den Wildbestand nehmen zu können oder sie haben ein Nahrungsspektrum ohne gewichtigen Anteil an jagdbaren Wildtieren. Aus

diesem Grund werden nur diese beiden Arten hier behandelt.
In den letzten Jahren mehren sich z. B. auch in Polen wieder die Klagen der Jäger über das „übermäßige“ Ansteigen des Zahlenbestands von Habicht und Mäusebussard. Diese beiden Greife seien so zahlreich, schrieb ein Regierungspräsident an den Minister, daß sie das Niederwild, wie Rebhühner, Fasanen und Hasen bedrohen. Sie bedrohen es allerdings gewiß nicht, können aber unter Umständen den sowieso schon schwierigen Wiederaufbauprozeß der Populationen dieser Wildarten nach dem beispiellosen Zusammenbruch Ende der siebziger Jahre erschweren (Pielowski, 1984). Ein Teil der Jäger tut sich schwer damit, zur Kenntnis zu nehmen, daß die grundsätzlichen Ursachen der gegenwärtigen Niederwildmisere auf ganz anderer Ebene liegen und vor allem mit den Umweltveränderungen in der Feldlandschaft und der Intensivierung der Landwirtschaft zusammenhängen (Pielowski, 1986; Pielowski und Pinkowski, 1985). Die Auswirkung dieser Faktoren sind nämlich für den nur oberflächlichen Beobachter weniger sichtbar, da sie sich erst nach und nach zeigen. Dagegen werden die Fälle, in denen ein Habicht einen Hasen oder Fasan fängt, in denen ein Bussard ein durch den harten Winter geschwächtes Rebhuhn angreift, eifrig registriert, kommentiert und übertrieben bewertet.

Problemvogel Habicht

In der zweiten Hälfte der sechziger und in den siebziger Jahren ist in beinahe ganz Europa der Zahlenbestand dieses Greifvogels stark gesunken. Der durchschnittliche Zuwachs betrug damals nur 1,5 Junge pro erfolgreichem Brutpaar (Pielowski, 1968; Kalchreuter, 1980; Link, 1986), was bei einer großen, 60% der Bestandszahl überschreitenden Sterblichkeit der Junghabichte im ersten Lebensjahr nicht das damalige Dichteniveau sicherte (Kenward und Lindsay, 1981). In vielen Ländern ist daraufhin die Jagd auf diese Vögel eingestellt worden. Ein paar Jahre später stieg der Habichtsbestand wieder an, was radikalkonservative Ornithologen natürlich ausschließlich mit dem fehlenden Jagddruck in Verbindung gebracht haben. Völlig unbeachtet ließen sie die Tatsache, welche u. a. durch Beringungsaktionen vieler Vogelwarten abgesichert worden ist, daß beim Habicht die Jagd nur 15 bis 20% der Gesamtverluste ausmacht. Die hauptsächlichen Todesursachen lagen woanders. Davon zeugt beispielsweise auch die Situation in Holland, wo die Habichtspopulation nach dem Zusammenbruch in den sechziger Jahren im nachfolgenden Jahrzehnt wieder stark angestiegen ist. Und dies hier, obwohl der Habicht dort ohnehin schon seit über dreißig Jahren unter Vollschutz gestanden hat (Kalchreuter, 1980). Gegenwärtig liegt der Zuwachs bei dieser Vogelart in vielen Regionen Europas wieder zwischen zwei und drei Jungen (Fischer, 1980; Link, 1986; Pielowski, eigene Daten aus ganz Polen). Der Habicht scheint es geschafft zu haben, eine Reihe von biologischen Eigenschaften zu entwikkeln, die es ihm ermöglichen, sichtbar besser mit dem Leben in der Nähe des Menschen und auch in der von diesem verunstalteten Umwelt fertig zu werden als früher. Daher kommt es zu dem beträchtlichen Anstieg in der Dichte der Habichtspopulation.
In Polen wird die Frage diskutiert: Ist der Habichtsbestand wirklich zu groß? Von allen Greifvögeln ist der Habicht wohl zahlenmäßig am schwierigsten zu erfassen. Das ergibt sich aus seiner versteckten Lebensweise. Im Frühjahr kann man zwar alle Brutpaare eines Gebietes registrieren. Um jedoch zu erfahren, ob auch alle Paare gebrütet und dabei Erfolg gehabt haben, sind weitere Horstkontrollen notwendig, die großflächig technisch kaum durchführbar sind. Trotz alledem bleibt dann noch die Zahl der nicht brütenden Vögel unbekannt. Noch schwieriger sind die Winterzählungen der Habichte.
Nach neuesten Erhebungen wird der Brutbestand des Habichts in Polen mit 7.500 Paaren, also 15.000 Altvögeln eingeschätzt. Weitere 7.500 Exemplare müssen noch dazu gezählt werden, wenn man den noch nicht brütenden Teil der Population, also die Jungen aus dem Vorjahr mit je einem Vogel pro Horst veranschlagt. Im Sommer kommen dann noch die diesjährigen Jungvögel dazu, also weitere 15.000 Stück (im Durchschnitt 2 pro Brutpaar). Der Sommerbestand hat also eine Größe von etwa 37.500 Stück. Bis zum nächsten Frühjahr verringert er sich dann auf die vorstehend schon berechnete Zahl von 22.500 Vögeln. Dafür ist aber im Winter noch eine gewisse Anzahl von Überwinterern

aus dem Norden zugegen. Im Jahresdurchschnitt liegt der Zahlenbestand dieses Greifvogels also bei rund 30.000 Stück. Umgerechnet auf die jagdliche Nutzungsfläche des Landes macht das etwa 1,5 Exemplare pro 1.000 Hektar aus. Gewiß ist diese Hochrechnung mit Fehlern behaftet, gibt uns aber dennoch eine Größenordnung. Ob sie zu hoch ist, bleibt offen. Berücksichtigt man die überall anfallenden Klagen und auch die vorstehend aufgeführten Überlegungen, dann gibt es sehr viele Habichte!

Wir sollten uns jedoch, wenn wir die Rolle des Habichts in der Jagdwirtschaft beurteilen, nicht von der subjektiven Meinung der sogenannten „Geschädigten", also der Jäger, beeinflussen lassen. Vielmehr ist das Problem auf der Basis konkreter Untersuchungsergebnisse anzugehen, die aus den verschiedenen europäischen Ländern vorliegen. Ein bedeutender Beitrag hierzu sind die Untersuchungen des Engländers Kenward, (1977, 1978; Kenward u. a. 1989), eines bedeutenden Kenners des Habichts. Kenward hat sich u. a. mit dem Einfluß dieses Beutegreifers auf die Population seiner Beutetiere befaßt. Im Unterschied zu anderen Forschern, die sich meistens auf Analysen von als Rupfungen, in Gewöllen oder im Kropfinhalt gefundenen Beuteresten stützten, benutzten Kenward und seine schwedischen Mitarbeiter telemetrische Methoden. Damit verfolgten sie die Aktivität der Habichte und erfaßten gleichzeitig die Dichte der Beutetiere flächenmäßig. Auf diesem Weg suchten sie u. a. Antwort auf die Frage, wie groß der Eingriff des Habichts in die Beutebestände ist und welchen Einfluß das auf die Entwicklung von deren Population hat. Kenward untersuchte dies in England an der Ringeltaube und in Schweden am Fasan. Was die erste anbetrifft, so kam er zu dem Schluß, daß 28% der vom Habicht erbeuteten Exemplare sowieso infolge schwacher Körperkondition eingegangen wären. Weiter hat er aufgrund seiner Untersuchungen erwogen, daß eine für die Ringeltaubenpopulation wesentliche Winterreduktion durch den Habicht erst dann eintreten würde, wenn die Dichte dieses Greifes bis auf vier Stück pro 1.000 Hektar Fläche anstieg. Solch hohe Dichten sind aber nur dort zu finden, wo der Mensch künstlich das Angebot an leichter Beute, etwa durch das Aussetzen von Volierenfasanen, vergrößert hat. In einer derartigen Situation fingen die Habichte in

Abb. 187: Habicht mit Fasan als Beute (Pin.)

Schweden soviel dieser Vögel, daß ohne Reduktion des Beutegreifers kaum irgendwelche Fasanen übriggeblieben wären (Abb. 187). Ähnlich war es auch bei Wildfasanen, wenn diese auch etwas länger durchhielten, bevor sie fast völlig verschwunden waren. Der Habicht fängt Fasanen wesentlich effektiver als Ringeltauben, was Kenward mit der spezifischen Jagdstrategie des Habichts in Verbindung bringt, die besser zum Fang von Hühnervögeln geeignet ist. Aufgrund vergleichender Herbst- und Frühjahrszählungen wildlebender Fasane wurde eine Wintersterblichkeit von 64% des Besatzes ermittelt, wobei 88% davon auf das Konto des Habichts gingen. Insbesondere die Hennen wurden derart stark dezimiert, daß die Reproduktionsrate der Population viel zu gering war, um den Herbstbesatz auf bisheriger Höhe zu halten. Der Räuberdruck der Habichte stieg sichtlich dann, wenn eine Schneedecke vorhanden war. In der Zeit von August bis April bestand 70% der Nahrung der dortigen Habichte aus Hasen, Fasanen und Eichhörnchen. Hasen machten beinahe ein Drittel der gesamten Nahrung der Habichtsweibchen aus. Bei den Männchen hatten Fasane mit einem Viertel der Nahrung den Vorrang.

Nicht ganz so schlimm für den Habicht fielen die Untersuchungen von Ziesemer (1983) in Schleswig-Holstein aus. In zwei habitatsmäßig unterschiedlichen und auch an Niederwild verschieden reichen Revieren erforschte er den Einfluß dieses Greifvogels auf die Populationen seiner Beute. Das erste Gebiet zeichnete sich durch große Felder und Waldstücke aus, in denen Fasanen, Wildkaninchen und Ringeltauben in großer Dichte vorkamen. Der Fasanenbesatz, etwa 100 Stück pro 100 Hektar Fläche (davon 90% in jedem Jahr ausgesetzt), wurde bei einem Gesamtausfall von 80%, zu 34% von Habichten reduziert. Es konnte errechnet werden, daß ohne Habichte die Jagdstrecke um 30% höher gewesen wäre und der Frühjahrsbestand um 50% stärker. Der Habicht senkte das Fortpflanzungspotential dieser Population bedeutend. Dies gründet vor allem darin, daß das von den Fasanen besiedelte Gebiet mehr den Habicht begünstigte als die Fasanen, denen es hier an genügender Deckung mangelte. Das zweite Untersuchungsrevier hatte für den Fasan weit besseren Habitatsverhältnisse (kleine Felder, zahlreiche Feldgehölze usw.) und war von einer weniger zahlreichen, aber wildlebenden Population dieser Wildart besiedelt. Hier waren die Verluste durch die Habichte bedeutend geringer und machten lediglich 15% des Zahlenbestandes aus. Jedoch war dort auch die Habichtsdichte relativ gering. Die Habichte erbeuteten dort die nicht so häufig vorkommenden Rebhühner und die Wildkaninchen; beide Arten reduzierten sie um ca. 10%, was als unwesentlicher Verlust angesehen wurde. In der Brutzeit waren Ringeltauben ihre Hauptbeute. Zahlenmäßig ist es nicht belegt worden, jedoch konnte kein wesentlicher Einfluß dieser Reduktion auf die Taubenpopulation festgestellt werden. Der Autor vergleicht das Besatzgefälle im Untersuchungsrevier mit den in „habichtsreinen" Gebieten (Ostseeinseln) und baut darauf die These auf, daß nicht der Habicht als Ursache des Brutgefälles angesehen werden kann.

Mikkelsen (1986) stellte in Dänemark fest, daß die alljährlichen Auswilderungsaktionen von Fasanen abhängig sind von dem Jagddruck des Habichts, des Sperbers und der Rohrweihe. Der Autor fand heraus, daß die Bedrohung der Fasanen proportional dazu steigt, je größer die Zahl der ausgesetzten Vögel ist, je jünger diese Vögel sind und je schlechter die Biotopverhältnisse am Aussetzungsort sind. In Dänemark werden in jedem Jahr 200.000 bis 300.000 Fasane ausgesetzt, von denen später etwa 50% bei Jagden zur Strecke kommen und 5% von den Greifvögeln erbeutet werden. Um aber ein solch relativ günstiges Zahlenverhältnis zwischen den geschossenen und den von den Greifvögeln geschlagenen Fasanen zu erhalten, werden jedes Jahr 380 bis 550 Habichte, 120 bis 180 Sperber und 710 bis 1.030 Mäusebussarde getötet. Und wenn im Zuge dieser Aktion auch ein Fünftel des Habichtsbestand reduziert wird und ein Drittel der jährlichen Fortpflanzungsrate seiner dortigen Brutpopulation vernichtet werden, so verringert sich der Zahlenbestand dieser Greifvögel dennoch nicht. Der Autor erklärt dies damit, daß im Sommer und Herbst hauptsächlich Junghabichte geschossen und gefangen werden. Diese sammeln sich in Gebieten mit reichhaltigem Beuteangebot und ein Teil von ihnen ginge sowieso im Winter ohne diesen reich gedeckten Tisch ein. Reduziert wird also an sich nur der Populationsüberschuß!

Marcström und Kenward (1981) konnte für Schweden nachweisen, daß 84% der an Fasanenfütterungen gefangenen Habichte Jungvögel im ersten Lebensjahr waren. Anfang der siebziger Jahre sind in diesem Land 18% aller Junghabichte erlegt worden, was auch hier ohne jeglichen Einfluß auf den Brutbestand geblieben ist.

Ähnliche Angaben besitzen wir auch aus Polen, wo noch in den siebziger Jahren in den zahlreichen Fasanenzuchtfarmen cirka 2.000 Habichte gefangen wurden. Nur etwa jeder zehnte von ihnen war ein Althabicht. Es konnten keine Hinweise dafür gefunden werden, daß ein solcher „Aderlaß" negative Folgen für den Gesamtbestand gehabt hat.

Zu behandeln wäre noch die vermutliche Beteiligung des Habichts am katastrophalen Rückgang der Rauhfußhühnerarten in Mitteleuropa. Dort, wo Auer-, Birk- und Haselwild zahlreich vorkommt, stellt es eine beliebte Beute des Habichts dar. Darauf weisen besonders skandinavische Untersuchungen hin, nach welchen diese Wildarten über 50% der Biomasse seiner Nahrung darstellen (Höglund, 1954; Sulkava, 1964 b; Widén, 1985). Für Mitteleuropa gibt es solche Angaben nicht. Die Verfechter der These, daß der Habicht völlig bedeutungslos bei der Reduktion dieser Vögel ist, bedienen sich der Angaben über seine Nahrungszusammensetzung, die z. B. Uttendörfer (1952) zusammengestellt hat. Da macht dann der Anteil an Rauhfußhühnern lediglich 0,4% aus, was jedoch eine etwas irreführende Information ist. Müller (1974), der über zehn Jahre eine Auerwildpopulation in Deutschland untersucht hat, stellte etwa fest, daß ein Drittel Beute der Füchse, Marder und Habichte geworden ist. In der Auerwildmonographie von Lindner (1977) wird der Habicht zu den gefährlichsten Feinden für dieses Waldhuhn gezählt, und es wird verlangt, daß der Schutz des Auerwildes vor dem Schutz der Beutegreifer eingestuft werden muß. Ähnlicher Ansicht sind aufgrund eigener Erfahrungen auch andere Wildbiologen, die sich mit der Rettung von Restpopulationen des Auer- und des Birkwildes oder auch mit deren lokaler Einbürgerung befassen.

Die obigen Ausführungen zusammenfassend, kann gesagt werden, daß die Dichte des Habichtbestandes hauptsächlich durch das Nahrungsangebot bestimmt wird. Viele Habichte kann es nur dort geben, wo es nicht an Beutetieren mangelt. Das müssen nicht unbedingt jagdbare Tiere sein, wenn diese auch eine beliebte Beute sind. Gejagt wird vorrangig das, wovon am meisten da ist und was am leichtesten zu erbeuten ist. Allerdings werden bei Gelegenheit, mehr oder weniger zufällig, auch seltener vorkommende Tiere gefangen. Bei niedriger Besatzdichte von Rebhuhn, Fasan, Hase und Wildkaninchen, allesamt vielleicht nicht besonders vom Habicht geplagt, ist dann jedoch jedes von diesem Beutegreifer geschlagene Stück ein bedeutsamer Ausfall. Und eben darin besteht das Problem. Gibt es sehr viel Niederwild, dann ist auch ein starker Jagddruck des Habichts keine ernstliche Bedrohung für den Besatz, anderfalls wohl.

Soviel an Fakten, die sich gut mit den Erfahrungen jener Praktiker decken, die ohne Emotionen das Problem des Habichts in der Jagdwirtschaft betrachten. Wiederholt sei hier nochmals das, was schon bei der Behandlung der Bestandsveränderungen der Greifvögel und deren Ursachen zur Sprache gekommen ist. Sogar eine ziemlich bedeutende Reduktion des Habichtsbestands durch den Menschen hat keinen grundsätzlichen Einfluß auf die Quantitätsdynamik von dessen Population. Sie begrenzt lediglich lokal und zeitweilig deren Dichte. Berücksichtigt man weiter, daß der Zahlenbestand dieses Greifvogels in den meisten Regionen Mitteleuropas ziemlich beträchtlich ist, das Niederwild sich dagegen vielerorts aber in einer immer schwierigeren Lebenslage befindet, gewaltig zurückgeht und nur bei ständig steigendem Kostenaufwand als voll funktionsfähige Population zu erhalten ist, dann kann man schon Kalchreuter (1980) und Kenward (1983) zustimmen. Beide sehen in einer vorsichtigen und gemäßigten Bejagung des Habichts, dort wo es notwendig ist, keine Bedrohung für dessen Population. Beide Autoren sind hervorragende Kenner der Materie, wobei Kenward kein Jäger ist, also nur schwer der Parteinahme zu verdächtigen ist. Beide Forscher stehen jedoch auf dem Standpunkt, daß die Bestandsreduktion des Habichts vor allem über den Lebendfang in Fallen stattfinden sollte. Bei der meistens ungenügenden Kenntnis der Jäger über die Greifvögel, sichert das vor peinlichen und für die seltenen Arten auch bedrohlichen Irrtümern. Ergänzend kann hier noch hinzugefügt werden, daß in Habichtskörben hauptsächlich Jungvögel gefangen werden, die für die Population weniger wertvoll und die in der Nähe von Fasanerien wie auch an anderen Orten intensiver Niederwildhege am ehesten lästig sind. Altvögel sind viel vorsichtiger und jagen nur ungern in der gefährlichen Nähe des Menschen. Das gilt allerdings nicht für die Zeit der Jungenaufzucht, wenn der Nahrungsbedarf stark steigt. Aus Tierschutzgründen kommt jedoch in der Brutzeit weder Fang noch Abschuß des Habichts in Frage!

Da gerade schon von den Fasanenaufzuchtfarmen die Rede war, sei noch bemerkt, daß diese in der Tat großen Ärger mit dem starken Anflug von Junghabichten während der Aufzuchtszeit der Jungfasane haben. Von außen durch die Greife bedrängt, fliegen die Fasanen in Panik gegen die Volierenwände aus Maschendraht und schlagen sich tot. Ohne Abwehr der Habichte ist da häufig kein zahlenmäßig vernünftiges Zuchtergebnis zu erzielen. Andererseits sind aber – auch wenn wir vom Aussetzen sogenannter „Verhaltenskrüppel“ zwecks baldigen Abschusses absehen, vielmehr das Ziel dieser Aktivität im Aufbau und der Erhaltung von wild lebenden Fasanenbesätzen sehen – vielerorts mehr oder minder intensive Auswilderungen notwendig. Damit ist dann aber auch die Konfliktsituation zwischen Fasanenhege und Habichtsschutz vorprogrammiert. Sondergenehmigungen für den Fang von besonders lästigen Junghabichten wären eine akzeptable Lösung.

Problemvogel Mäusebussard

In den klassischen ornithologischen Werken von vor 80 bis 100 Jahren liest man, daß damals zu mindestens im östlichen Mitteleuropa der Mäusebussard in vielfach geringerer Dichte vorgekommen ist als der Habicht. Er war also relativ selten. Heute gehört er überall zu den häufigsten Greifvögeln. Er hat sich so stark angepaßt, daß er sich auch in veränderten ökologischen Verhältnissen gedeihlich entwickelt. Vor allem ist er dazu imstande gewesen, die Agrarlandschaft zu besiedeln, ist also von einem Waldvogel zu einer praktisch überall vorkommenden Art geworden. In vielen Gegenden gibt es fünf und mehr Brutpaare auf 1.000 Hektar Wald- und Wiesenfläche. Dazu gezählt werden muß etwa das Doppelte an noch nicht brütenden ein- und zweijährigen Vögeln. Insgesamt ist das eine hohe Populationsdichte. Das wäre ja nichts Schlimmes, man könnte es sogar als sehr positive Erscheinung ansehen, wenn der Mäusebussard in Übereinstimmung mit seinem Namen sich nur von Mäusen ernähren würde. Das tut er aber nicht. Neuere Untersuchungen haben gezeigt, daß er eine umfangreiche Speisekarte hat (Uttendörfer, 1952; Sládek, 1961; Mebs, 1964; Wuttky, 1968; Truszkowski, 1976; Kalotás, 1983; Melde, 1983; Hastädt und Sömmer, 1987; Pielowski, im Druck). Wildarten machen in den meisten der untersuchten Populationen nur einen Anteil von 2 bis 4% seiner Nahrung aus. Diese Größe, wie übrigens auch die des Anteils anderer Tiere, hängt von den örtlichen Gegebenheiten ab und differiert stark. Kleinnager machen gewöhnlich nicht mehr als 60 bis 70% seiner Beute aus.

Ein Teil der angegebenen Autoren hat sich jedoch nicht dazu entschlossen, die gewonnenen Zahlen, wie es von der Untersuchungsmethode her notwendig wäre, auf die Frequenz des Massenanteils umzurechnen. Das ist eine Unzulänglichkeit, die manchmal das wirkliche Bild verunstalten kann, denn die Körpermasse eines Junghasen ist beispielsweise vielfach größer als die einer Wühlmaus. Und auf einer etwas verdrehten Grundlage wird dann behauptet, daß der Einfluß des Mäusebussards auf den Niederwildbesatz völlig bedeutungslos sei, sehr wesentlich dagegen sein Anteil an der Reduktion von schädlichen Wühlmäusen. Melde (1983) diskutiert in seiner Monographie über den Mäusebussard auch dessen jagdwirtschaftliche Bedeutung und präsentiert dabei eine These, die heute an sich schon widerlegt ist. Seines Erachtens nach hat dieser Greif sogar dann, wenn er sich in nahrungsarmen Wintern auf „Ersatznahrung“, also vorwiegend Wild umstellt, eine wichtige biologische Funktion zu erfüllen: Einmal merzte er kranke Stücke aus (Wo ist der Beweis dafür?), zum anderen sei der Mäusebussard infolge seines plumpen Körperbaus nicht in der Lage, jedes beliebige Rebhuhn oder jeden Hasen zu schlagen (was natürlich stimmt). Letztlich schaffe er es bloß, ein unaufmerksames Rebhuhn zu fangen, wodurch eine wertvolle Auslese für die Beutepopulation betrieben wird. Bedauerlicherweise wird bei diesem Gedankengang die anfangs erwähnte schwere Wintersituation außer acht gelassen, in welcher alle Beutetiere infolge Nahrungsmangel und Schwäche weniger vorsichtig und quasi krank sind. Auch wird überhaupt nicht die Bedeutung des Mäusebussards bei der Sommerreduktion von jungen Hasen und Fasanen angesprochen, die für diese Beutegreifer leichter zu überwältigen sind als erwachsene Tiere.

Mebs (1964) und Brüll (1977) haben natürlich recht mit der Feststellung, daß die physischen Eigenschaften des Mäusebussards die Größe seiner gesunden Beutetiere auf maximal 500 bis 600 Gramm begrenzen. Eigene Untersuchungen über die Nahrung dieses Greifvogels in Polen haben ebenfalls ergeben, daß ausschließlich kleine Junghasen, mit einem Körpergewicht zwischen 100 und 500 Gramm zu den Horsten getragen wurden. Wenn im Sommer, bei dichter Vegetation auf den Feldern, die Mäuse schlecht erreichbar sind und die Bussarde ihre Horste voller Junge haben, fangen sie als Ersatzbeute eben Junghasen. Diese sind nicht imstande, sich vor dem Räuber zu retten und kommen genau dort vor, wo der Mäusebussard seine Hauptjagdgründe hat, nämlich auf den Feldern. Das gleiche gilt auch für den Winter, wenn die Feldmäuse versteckt unter der Schneedecke leben, andere Tiere dagegen gut sichtbar sind und womöglich

Abb. 188: Bussard mit größerer Beute (Ła.)

noch durch Kälte und Nahrungsmangel geschwächt sind (Abb. 188).
Und hier kommen wir zum Kernpunkt der Sache, der die Meinung über die Rolle des Mäusebussards in der Natur bestätigt, die durch nicht immer ganz unparteiische Untersuchungen gefestigt worden ist. Früher sind zweifelsohne Kleinsäuger Hauptbeute dieses Greifes gewesen. Diese Nahrungsbasis war und ist jedoch nicht jedes Jahr und nicht zu jeder Jahreszeit in gleichem Maße reichhaltig und zugänglich. Aller Wahrscheinlichkeit nach hing damals auch die Dichte des Bussardbestands davon ab. Die Intensivierung der Landwirtschaft und die Veränderungen in der Struktur der landwirtschaftlichen Anbauflächen haben diese Situation noch verstärkt. Mäusebussarde gibt es aber heute trotz alledem sehr häufig. Wäre er ein Beutegreifer mit enger Nahrungsspezialisierung geblieben, dann würde die Dichte seiner Population durch die Häufigkeit des Vorkommens seiner Beute, d. h. der Kleinnager, reguliert werden. Dem ist aber nicht so, denn der Bussard kann sich beliebig auf andere Beute umstellen. Mit der Zeit kann das (z. B. das Fangen von Junghasen) durchaus auch zur Angewohnheit werden.
Untersuchungen in einer Agrarlandschaft Westpolens haben gezeigt, daß dort noch vor vierzig Jahren die Nestjungen des Mäusebussards zu beinahe 90% mit Kleinnagern gefüttert worden sind (Czarnecki und Foksowicz, 1954). Zwanzig Jahre später waren in demselben Untersuchungsgebiet dies nur noch 70%, dafür wurden aber u. a. auch Junghasen, mit über 3% Massenanteil an die Jungen verfüttert (Truszkowski, 1976). Nach weiteren zehn Jahren wurden nur noch 60% Mäuse und bereits 23% an Hasen an die Nestjungen verfüttert (Pielowski, in Druckvorbereitung). Gleichzeitig, und das ist am meisten verwunderlich dabei, ist die Dichte der Brutpaare des Bussards um das Zweifache gestiegen, die Besatzdichte des Hasen aber um 60% gesunken. Parallel dazu ist die Landwirtschaft viel intensiver geworden. Die veränderte Nahrungspräferenz des Mäusebussards hängt wahrscheinlich damit zusammen, daß Feldmäuse in bestimmten Jahreszeiten schlechter zu fangen sind, während es gerade dann für die Beutegreifer leichter ist, Junghasen zu greifen. Da für dieses Forschungsgebiet auch konkrete Daten über die Hasenpopulation zur Verfügung stehen, u. a. über deren Fortpflanzungsrate, konnte ausgerechnet werden (auf Einzelheiten sei hier nicht eingegangen), daß im Juni jedes Jahres allein der Mäusebussard die Zahl der dann geborenen Junghasen um 26% reduziert. Aus Gründen der dabei angewandten Untersuchungsmethodik (Direktbeobachtungen an den Horsten) ist leider nichts darüber bekannt, wie sich diese Relationen in der übrigen Zeit des Fortpflanzungszyklus' des Hasen gestalten. Natürlich sind diese Untersuchungsergebnisse keine genügende Grundlage zu Verallgemeinerungen, sie sind jedoch ein deutlicher Hinweis auf die stattfindenden Veränderungen in den Räuber-Beute-Beziehungen. Aus Fasanerien und aus offenen Geflügelfarmen hört man schließlich immer häufiger, daß die Mäusebussarde dort zunehmend nach Habichtsart jagen, was früher überhaupt nicht beobachtet worden ist.
Zwar sprachen wir hier offen über das sogenannte Problem „Greifvögel in der Jagdwirtschaft“, haben aber andererseits auch versucht aufzuweisen, wie kompliziert die Sache ist und wie schwer es ist, eindeutig die Rolle und Bedeutung einer Beutegreiferart zu beurteilen. Ganz generell sollten unter den gegenwärtigen ökologischen Bedingungen die Greifvögel geschützt werden. Geschützt werden müssen sie vor allem deshalb, weil wir Menschen die Pflicht haben, sie unserer Natur zu erhalten. Akzeptieren wir diesen

Standpunkt, dann heißt das, daß auch die Jäger die Nutzung der Natur nicht nur für sich beanspruchen können. Sie müssen anerkennen, daß die Greifvögel ebenso das Recht dazu haben zu leben, wenn sie zum Teil auch „Konkurrenten" sind. Dieses Recht wird ja heute von niemanden mehr angefochten.
Gleichzeitig wäre es aber unbillig und unehrlich, wenn die Nichtjäger nicht zugeben, daß wenigstens einige Greifvogelarten schon entschieden aus der Zone der Bedrohung heraus sind. Dabei spielt es keine Rolle, ob das mit Hilfe des Menschen oder auch von selbst, durch biologische Mechanismen, geschehen ist. Zu diesen Arten gehören Habicht und Mäusebussard. Die in unkontrollierter Weise ansteigende Dichte ihrer Bestände führt manchmal – so im Bereich des Schutzes einiger seltenen Tierarten wie auch in der Sphäre der wirtschaftlichen Tätigkeit der Menschen – zu Problemen, die durchaus zu lösen sind, wenn wir nicht von einem Extrem ins andere fallen.

6.4

Möglichkeiten eines praktischen Vogelschutzes

In vielen Ländern bemühen sich Naturschutzorganisationen und auch einzelne Bürger oder Bürgergruppen erfolgreich, die Greifvögel zu schützen. Es darf nämlich nicht dabei bleiben, daß nur der Staat Rechtsvorschriften zum Schutz der Greife erläßt. Diese sind lediglich Grundlage des Schutzes, in deren Konsequenz eine Reihe von konkreten Maßregeln getroffen werden müssen, die vor allem die seltenen Arten betreffen. Manche dieser Maßregeln sollten jedoch auch alle anderen Arten betreffen.

Mittels grundsätzlicher Maßnahmen müssen die Lebensräume der Greifvögel, insbesondere deren Brutbiotope, geschützt werden. Eine große Rolle spielen hier rechtlich geschützte Regionen, wie etwa Nationalparke oder Naturschutzgebiete. Hier ist allen Greifvögeln ein ruhiges Leben sicher, da sie von dem speziellen Reservatsstatus profitieren. In den meisten Ländern ist das aber nur ein geringer Prozentsatz der Gesamtfläche. Für andere Gebiete, und das vor allem für Wälder, gelten in manchen Ländern Vorschriften für Schutzzonen um die Horste seltener Greifvögel. Hier dürfen zur Brutzeit keine Waldarbeiten durchgeführt werden, und ihr Betreten durch Unbefugte ist untersagt. Das begünstigt den gedeihlichen Verlauf der Brut sehr. Vielfach werden außerdem noch besonders gefährdete Horste individuell geschützt. Ganze Wochen lang bewachen meist Freiwillige diese Horste rund um die Uhr und behüten sie vor unerwünschten Gästen, sowohl vor Menschen als auch vor Tieren. Als technische Hilfsmittel dienen dabei manchmal verschiedene Alarmgeräte, wie Photozellen, superempfindliche Mikrofone und Industrie-Fernsehgeräte. Zu bewundern sind diese enthusiastischen Greifvogelfreunde, die bereit sind, einen Teil ihres Urlaubs und ihrer Freizeit für ihre Schützlinge zu opfern. Im Westen Europas wird es somit für sogenannte „Vogelfreunde", die begierig darauf sind, eine seltene Greifvogelart am Horst zu sehen, für Amateure der Tierfotographie, für Eiersammler und auch für Diebe, die illegal aushorsten und anschließend Nestlinge verkaufen, immer schwieriger, an den Horst eines seltenen Greifvogels heranzukommen. Diese Leute verlagern nun aber zunehmend ihre „Aktivitäten" in die osteuropäischen Länder, in denen sie es vorerst leider noch leichter haben.

Die beschriebenen Schutzmaßnahmen allein reichen heute in vielen Fällen jedoch nicht mehr aus. Der gegenwärtige Stand des Wissens über die Biologie und Ökologie der Greifvögel ermöglicht es, ganz konkretes Populationsmanagement zu betreiben. Unter Populationsmanagement ist eine positive Beeinflussung der Greifvogelbestände durch den Menschen zu verstehen. Jeder praktische Versuch eines Populationsmanagementes bei Greifvögeln setzt allerdings unbeding voraus, daß die Ursachen des schlechten Zustands ihrer Population bekannt sind. Dort, wo infolge einer prekären ökologischen Situation ein bestimmtes Gebiet sich nur wenig oder überhaupt nicht eignet, wäre es sinnlos, über Managementstechniken eine verdünnte Restpopulation wieder aufbauen oder einen völlig erlöschten Bestand neu begründen zu wollen.

Aktives Populationsmanagement ist ein manchmal ziemlich drastischer Eingriff in den Lebensbereich der Tiere. Daher wird es auch von konservativ eingestellten Vogelschützern abgelehnt. Vorsicht bei der Handhabung mancher Techniken ist vorerst gewiß noch angebracht. Andererseits darf man aber nicht vergessen, daß für manche Arten oder deren Teilpopulationen hierin womöglich die letzte Chance besteht, um sie zu erhalten. Die Managementmethoden ersetzen keinesfalls die schon beschriebenen klassischen Schutzmaßnahmen. Letztere aber müssen in unserer von Zivilisation und Technik durchsetzten Welt ebenfalls durch technische Verfahren unterstützt werden.

Zusätzliche Horstplätze

Wichtig sind die Verbesserung des Horstplatzangebots und die Sicherheit dieses Platzes. Hierin besteht eine Möglichkeit, die Dichte der Brutpaare und auch die Verbreitung vieler Arten positiv zu lenken. Der steigende Mangel an alten und für die großen Greifvögel entsprechend exponierten Bäumen in den Wäldern ist eine der Ursachen, weshalb die Zahl der Brutpaare im betreffenden Gebiet abnimmt. Dies gilt besonders für den Fischadler. Im Rahmen eines Anpassungsprozesses beginnt er, auf Hochspannungsmasten zu brüten. In dem man auf solchen Masten noch zusätzlich Horstplattformen anlegte, konnte z. B. in der ehemaligen DDR die Zahl der Brutpaare enorm gesteigert werden (Abb. 189). Im Jahre 1985 hatte die dortige Brutpopulation des Fischadlers schon die beachtliche Größe von ca. 120 Paaren (Dornbusch, 1987). Infolge dieses positiven Umgewöhnungsprozesses legen jetzt in Mecklenburg die meisten Fischadler ihren Horst eben auf Hochspannungsmasten an. Wie Meyburg (1985) berichtet, haben in Spanien auch schon Kaiseradler und Habichtsadler auf solchen Masten gebrütet. In den USA sind es auch Steinadler, die diese etwas ungewöhnlichen, vom Menschen für sie gestalteten Horstplätze annehmen. Aus der Sowjetunion ist bekannt, daß dort auch die Würgfalken auf Hochspannungsmasten in alten Kolkrabenhorsten brüten. Meyburg (1985) sieht mit Recht auch für die großen baumbrütenden Arten wie Seeadler, Kaiseradler und Mönchsgeier, denen durch die systematische Abholzung der Altholzbestände die Brutbiotope vollständig entzogen zu werden drohen, einen Weg, sie auf diese Weise zu retten. Der natürliche Horstbaum wäre durch eine Horstplattform auf einer hölzernen Mastkonstruktion zu ersetzen. In Polen ist es schon einmal gelungen, ein Seeadlerpaar, dessen einzeln stehender Horstbaum bei einem Herbst-

Abb. 189: Fischadlerhorste auf Hochspannungsmasten (Mey.)

Abb. 190: Horstkasten an steiler Wand – von Wanderfalken als Brutplatz angenommen (Sa.)

sturm umgefallen ist, dazu zu veranlassen, einen gleich nebenan eiligst aufgebauten Holzmast mit Kunsthorst anzunehmen und im nächsten Jahr dort zu brüten. In Schweden und Finnland hat man in den dortigen altholzarmen Wäldern Kunsthorste errichtet. Etliche Greifvogelarten, wie Seeadler, Fischadler, Rauhfußbussard, Mäusebussard, Wespenbussard, Habicht und Baumfalke, siedelten sich daraufhin an und brüteten.

Künstliche Horstplätze haben eine ganz wesentliche Bedeutung bei der gegenwärtig stattfindenden Wiedereinbürgerung des Wanderfalken in verschiedenen Bundesländern Deutschlands. Diese haben sie auch für den Schutz der noch vorhandenen Restpopulationen dieser Greifvogelart in Bayern und Württemberg. In Felswänden werden mardersichere Horstnischen ausgehauen, die alsbald von den Falken angenommen werden. Auch werden, und das nicht nur an Felsen, sondern auch an hohen Gebäuden, Fabrikschloten usw. spezielle Horstkästen gehängt, die gerne besetzt werden. Sie gewährleisten eher einen guten Verlauf der Brut des Wanderfalken als offene Horstplätze. Denn bei letzteren kommt es aufgrund starken Schneefalls und anderen Schlechtwetterverhältnissen manchmal zu Brutverlusten (Abb. 190). Es geschieht bisweilen, daß diese Horstkästen auch vom Turmfalken besetzt werden. Für diesen reicht es aber, kleinere Nistkästen mit entsprechendem Einflugloch aufzuhängen. Als sicheren Horstplatz nimmt sie gerne der Turmfalke an, der sich sonst mit alten Krähen- oder Elsternestern begnügen muß, von denen es meistens nicht genügend gibt und in denen die Brutverluste viel höher sind. Es gibt eine Reihe von

Abb. 191: Künstliche Aufzucht junger Schreiadler (Mey.)

Abb. 192: Schreiadlerhorst mit zwei fast ausgewachsenen Nestlingen (Mey.)

schönen Beispielen dafür, wie über die Bruthilfe mit Nitskästen der Turmfalkenbestand bedeutsam vergrößert werden konnte (Piechocki, 1970).

Manipulationen des Fortpflanzungsprozesses

Aufgrund des schon im Kapitel über die Fortpflanzung der Greifvögel behandelten Kainismus' oder Brudermord in den Horsten des Schreiadlers, ist der deutsche Greifvogelforscher Meyburg auf folgende Idee gekommen. Das zweite, chancenlose Junge wird bald nach dem Schlüpfen aus dem Horst genommen und künstlich aufgezogen (Abb. 191), beziehungsweise in einen Bussard- oder Milanhorst gesetzt, in dem es von den Pflegeeltern aufgezogen wird. Der schon beinahe erwachsene Nestling wird alsdann wieder seinen wirklichen Eltern zurückgegeben, die ihn zusammen mit dem verbliebenen, nun nicht mehr aggressiven Jungen zum Ausfliegen bringen (Abb. 192). Auf diese Weise kann das Reproduktionsresultat dieser seltenen Greifvogelart praktisch verdoppelt werden (Meyburg, 1970, 1971, 1974). Früher, bei gewiß geringerer Sterblichkeit der schon flugfähigen Vögel, war eine Fortpflanzungsrate von nur einem Jungen pro Adlerpaar wohl ausreichend. Heute kann sie sich als zu gering erweisen. Diese Methode wird inzwischen schon in der Slowakei und in Norddeutschland praktiziert. Ähnliche Schutzmaßnahmen werden auch in Spanien für den dort sehr stark gefährdeten Kaiseradler angestrebt, bei welchen der Brudermord zwar nicht unbedingt die Regel ist. Aber bei Nahrungsmangel in der Aufzuchtszeit werden die schwächeren von den stärkeren Jungen getötet (Meyburg und Garzon, Heydt, 1973; Meyburg, 1983).

Die Fortpflanzung der Greifvögel kann auch auf andere Weise manipuliert werden. Die Franzosen gingen bei der Rettungsaktion des Wanderfalken in der Jura und in den Vogesen u. a. so ans Werk: Sie versuchten die Vermehrungsrate der dortigen Restpopulation zu vergrößern, indem sie die Erstgelege aus den Horsten nahmen und die Eier künstlich ausbrüteten. Dann zogen sie die Jungen auf und wilderten sie anschließend aus. Die Falkenpaare, denen das Gelege weggenommen worden ist, legten bald ein zweites Mal vier Eier, die sie dann selber ausbrüteten, und zogen die Jungen auf. So konnte die zusätzliche Fortpflanzungspotenz einer Art ausgenutzt werden, die ohne Manipulation des Menschen zum großen Teil ungenutzt geblieben wäre. In Deutschland wird ab und 1977 ein intensives Wiedereinbürgerungsprogamm des Wanderfalken durchgeführt. Im Rahmen dieses Programmes hat man schon auf verschiedene, interessante und erfolgbringende Weise den Fortpflanzungsprozeß manipuliert. Gelege mit besonders dünnschaligen Eierschalen tauscht man gegen normalschalige Eier aus. Die leicht zerbrechlichen Eier sind dann künstlich ausgebrütet worden. Den Wildfalken sicherte man damit den für sie biologisch wichtigen Bruterfolg, und die „Problemeier“ konnten ebenfalls gerettet werden. Als Ersatzgelege sind auch Hühnereier verwendet worden, die später wieder gegen die inzwischen sicher im Brutapparat geschlüpften Jungfalken ausgetaucht worden sind (Kleinstäuber, mündlich; Reilmann, 1984).

Mustergültiges Populationsmanagement sind die Maßnahmen zur Rettung des Mauritiusfalken *(Falco punctatas)*, der zu den extrem seltenen Vogelarten der Erde gehört. Er ist ein Waldbewohner, der sich hauptsächlich von auf Bäumen lebenden Geckos ernährt. Von seinem natürlichen Lebensraum, dem Wald, der einst praktisch die ganze Insel Mauritius bedeckte, sind nur noch kümmerliche Reste übriggeblieben. Von diesen ist wiederum nur noch ein Teil unberührt. Der übrige Wald ist stark ausgeholzt und umgestaltet. Dort gibt es deshalb auch nur wenige Geckos, wodurch die Jagd auf sie für den Falken wenig sinnvoll ist. Das führte zu einer Katastrophe. Anfang der siebziger Jahre konnten auf Mauritius nur noch einige Paare gezählt werden. Als man sich dann um den Schutz des Mauritiusfalken zu bemühen begann, hat man einzelne Altvögel, Nestlinge und Eier aus der Natur entnommen, um einen Zuchtstamm aufzubauen. Die gefangenen Vögel sollten erstens gewährleisten, daß diese Greifvogelart nicht ausstarb, und zweitens dazu dienen, Jungfalken für die Auswilderung zu produzieren. Lewis (1988) berichtet, daß sich in den letzten Jahren die Situation des Mauritiusfalken deutlich verbessert hat. Im Rahmen des Schutzprogramms werden Falken gezüchtet, freilebende Paare mit zusätzlicher Nahrung versorgt, Gelege aus Wildhorsten entnommen, die Vögel dadurch zu einem Nachgelege veranlaßt und gezüchtete Vögel ausgewildert. Bisher konnte zwar noch nicht beobachtet werden, daß die ausgewilderten Vögel sich fortpflanzten, da die meisten erst während der letzten zwei Jahre freigelassen worden waren. Die Beobachtungen deuten jedoch darauf hin, daß zumindest ein Teil von ihnen in der freien Wildbahn zurechtkommt. Bei den Wildvögeln konnten lediglich acht Junge bekommende Paare festgestellt werden. Am Projekt auf Mauritius arbeitet eine Gruppe von Wissenschaftlern, die die Biologie und Ökologie des Falken, aber auch die seiner Hauptbeute, des Geckos, untersuchen. Genau verfolgt werden auch die Ergebnisse der Auswilderung. Erfolgversprechend wird auch damit experimentiert , die Falken in anderen Landschaften der Insel anzusiedeln. Die Weltpopulation des Mauritusfalken betrug am Ende der Brutsaison 1987/88 75 Individuen, davon waren 46 Wildvögel und 29 lebten in Gefangenschaft. Die Zukunft der Art sieht somit besser aus als jemals in diesem Jahrhundert. Somit kann die Frage, ob der Mauritiusfalke zu retten ist, wohl mit ja beantwortet werden.

Die Wiederansiedlung von Greifvögeln

Viele lokale Populationen mancher Vogelarten sind infolge stark verschlechterter Lebensbedingungen erloschen. In der Regel geschah das aufgrund der sich verändernden Umweltverhältnisse und insbesondere des eigentlichen Lebensraums, der Brutbiotope und der Nahrungsbasis. Nur selten lag es an der Direktverfolgung durch den Menschen, wenn auch solche Fälle bekannt sind. Wiederholt hat dies allerdings das Ende einer Population beschleunigt. Ein solches Verschwinden lokaler Populationen hängt von der gegebenen Situation ab, manchmal nur von der Größe einer bestimmten physiographischen Region, z. B. eines Bergzuges, eines Feuchtgebietes usw. Manchmal handelt es sich aber auch im Populationen, die Teile von ganzen Kontinenten besiedelt haben. Nicht selten sind inzwischen die für die Katastrophe verantwortlichen Faktoren weniger geworden oder gar völlig verschwunden. Dies würde ein erneutes Funktionieren der schon erloschenen Population möglich machen. Im Fall gemeiner Arten finden sich deren Vertreter dann in Kürze wieder ein und siedeln sich an. Die seltenen Arten besitzen keine Reserven, welche die ehemals verwaisten Gebiete wieder besetzen könnten. Und daher kann sich eine Population einfach nicht selbständig erneuern. Dann kann lediglich der Mensch dazu verhelfen, indem er künstlich den Grundstock einer Initialpopulation aus ausgewilderten Individuen formt. Das können entweder Wildfänge aus anderen Gebieten sein oder aber Exemplare aus der Volierenzucht. Die erste Möglichkeit ist meist unwahrscheinlich, denn in der Regel handelt es sich hier doch um Arten, die in ihrem gesamten Verbreitungsareal nur selten vorkommen. Wenn dem nicht so ist, dann könnte vielleicht die Zugehörigkeit der umzusiedelnden Tiere zu einer anderen geographischen Form den Wiedereinbürgerungsprozeß erschweren. Somit bleibt es meist dabei, daß Auswilderungsmaterial aus der Gefangenschaftszucht benutzt wird. Dies war anfangs keinesfalls einfach, wenn man bedenkt, daß die einzelnen Exemplare von Tiergärten oder Privathänden zur Verfügung gestellt wurden sowie deren Zucht organisiert und erlernt werden mußte. Weiter war es notwendig, Grundsätze und Methoden für die Auswilderung von gezüchteten Vögeln und für die Kontrolle dieser Maßnahmen auszuarbeiten. Dank Menschen voller Enthusiasmus und guten Willens – nämlich solcher, die diese Aufgabe auf sich nahmen, wie auch derer, die sie finanzierten – konnten in relativ kurzer Zeit interessante und für den Greifvogelschutz sehr wichtige Resultate erzielt werden, von denen gleich etwas eingehender die Rede sein wird. Diese Projekte unterstützen auch die Regierungen mancher Länder und die Naturschutzorganisationen. Letztere akzeptieren das beschriebene Vorgehen allerdings oft nicht. Die mehr konservativen Kreise lehnen hartnäckig jeden Eingriff des Menschen in das Naturgeschehen ab, der ein Management des Populationsschicksals bedrohter Tierarten anstrebt. Es werden laute Propagandaaktionen organisiert, um derartige Schutzaktivitäten in den Dreck zu ziehen und um deren angeblichen Unsinn aufzuweisen. Die Ergebnisse modernen Managements beim Greifvogelschutz belegen jedoch immer deutlicher, daß die ausgearbeiteten Konzeptionen richtig und die angestrebten Ziele mittels der angewandten Methoden erreichbar sind.

Die Brutpopulation des Gänsegeiers in den Cevennen, dem Zentralmassiv in Südfrankreich, ist schon in den dreißiger Jahren erloschen. Die französischen Greifvogelschutzorganisation FSR hat in Zusammenarbeit mit dem dortigen Nationalpark die Aufgabe übernommen, den Himmel über diesen Bergen wieder mit diesen großen Vögeln zu bevölkern. Die Vorbereitungen zu dieser Aktion dauerten zehn Jahre. Einige Jungvögel wurden der spanischen, wild lebenden Population entnommen. Von dort konnten auch weitere Exemplare bezogen werden, die nach Unfällen gesundgepflegt worden sind. Weitere Geier kamen aus Tiergärten in Frankreich, Holland und der Schweiz, die ihre Pfleglinge für dieses Projekt zur Verfügung stellten. Im Jahre 1981 sind die ersten zehn erwachsenen Vögel ausgesetzt worden. Um ihnen das Ansiedeln zu erleichtern, hat man nicht nur Futterplätze angelegt, wo Fleischabfälle und tote Tiere zum Fraß angeboten wurden, sondern auch den Biotop attraktiv gestaltet. In den umliegenden Felsen wurden ehemalige Nitsplätze der Geier von Geröll und Vegetation gesäubert und mit weißer Farbe bemalt, damit sie wie frisch benutzt und daher mit weißem Kot bespritzt aussahen. Die ausgesetzten Geier haben an diesen sicheren Orten ihre Horste angelegt. Schon 1982 ist in den Cevennen – seit fünfzig Jahren das erste Mal – ein junger Gänsegeier geschlüpft (Terrasse,

Abb. 193: Gänsegeier am ausgelegten Aas (Li.)

1982; Anderegg, 1983). Durch weitere Aussetzungen in den nachfolgenden Jahren konnte die Zahl der Brutpaare gesteigert werden. 1987 waren es schon 17 Paare, von denen zwölf Junge aufgezogen worden sind. Anfang 1988 betrug der freilebende Bestand schon 62 Vögel (Rundbrief der WAG, Nr. 8, 1988). Erwartet wird, daß sich diese neugebildete Population mit der Zeit mit der spanischen verbindet. Ein Zuflug von fremden Geiern ist schon beobachtet worden. Alles in allem ein gelungenes und sehr hoch zu bewertendes Projekt (Abb. 193).

Ein weiteres beachtenswertes Beispiel für die Wiedereinbürgerung einer Greifvogelart ist das des Bartgeiers in den Alpen, in denen er seit hundert Jahren ausgestorben ist. Das ist ein internationales Projekt, finanziert und betreut von mehreren Weltorganisationen, die Wildtiere und Natur schützen. Von der europäischen Unterart des Bartgeiers gibt es heute nur weniger als 100 Brutpaare, die in den Pyrenäen, in Andalusien, auf Korsika, auf Kreta und dem griechischen Festland vorkommen. Die Nutzung dieser Restbestände für die Wiedereinbürgerung in den Alpen kam also nicht in Frage. Somit mußte ausschließlich auf Exemplare aus der Gefangenschaftszucht zurückgegriffen werden. In einigen europäischen Tiergärten sind Zuchtversuche mit dieser Vogelart unternommen worden, die auch erfolgreich gewesen sind. Die größte Erfahrung hat der Alpenzoo in Innsbruck. Einfach ist die Volierenzucht dieses Geiers nicht, u. a. deshalb, weil man nur relativ wenig über seine Biologie weiß. Man hat aber viel gelernt, und gegenwärtig leben in Gefangenschaft über 50 Bartgeier, von denen zehn Paare regelmäßig Junge haben. Gestartet wurde die Aktion in Österreich, wo nach intensiven Vorbereitungen und sorgfältiger Wahl des Auswilderungsgebietes 1986 die ersten

Abb. 194: Bartgeier im Flug (Mey.)

vier Bartgeier ausgesetzt wurden. Es waren Jungvögel im Nestlingsalter, die in einen in einer Felsspalte eingerichteten Kunsthorst untergebracht wurden. Anfangs ist noch ein nicht flugfähiger Altvogel als Amme in die Nische gebracht worden, der seiner ihm zugedachten Aufgabe auch gerecht wurde, dann aber zu Fuß abwanderte und wieder eingefangen werden mußte. Bis zum Ausfliegen sind die Geier regelmäßig mit zerhackten Rinderknochen und Kleintieren gefüttert worden. Bald danach erlernten sie das Fliegen und in der Folgezeit auch die Nahrungssuche. Sie haben sich artgerecht verhalten und drei von ihnen sind in freier Wildbahn gut über den Winter gekommen (Abb. 194). Im Jahre 1987 wurden zwei weitere Junggeier in die Horstnische gesetzt, die ebenfalls problemlos ausflogen. Im selben Jahr wurden auch in Frankreich, in den Hoch-Savoyen, drei junge Bartgeier auf ähnliche Weise ausgewildert. Bis 1988 waren es schon dreizehn ausgesetzte Vögel, denen dann noch weitere neun Exemplare folgten. Insgesamt eine beachtliche Zahl, die trotz einzelner Rückschläge schon den Grundstein einer Initialpopulation bilden kann (Anderegg, 1986, 1987; Pachlatkö, 1989). Voller Hoffnung wird jetzt die erste Brut in Freiheit erwartet. Das kann allerdings erst nach einigen Jahren eintreten, da der Bartgeier erst nach sechs Lebensjahren geschlechtsreif wird.

Die österreichischen Leiter dieses Projekts hielten 1987 eine Beurteilung der Erfolgsaussichten noch für verfrüht, machten aber die gewichtige Aussage, daß die angewandte Auswilderungstechnik geeignet ist, vollwertige Wildvögel heranzuziehen. Auch stellten sie fest, daß das Gebiet der Hohen Tauern Lebensräume beherbergt, die auch gegenwärtig den Ansprüchen des Bartgeiers voll entsprechen. Insbesondere ist das Nahrungsangebot offensichtlich ganzjährig ausreichend, um eine Bartgeierpopulation zu erhalten. Die Einstellung der Jägerschaft sowie der Bevölkerung des betroffenen Gebietes ist durchaus positiv und aufgeschlossen (Frey und Walter, 1987). Weniger positiv scheint dagegen die Einstellung der Schweizer Schafhalter zum Bartgeier zu sein, der schon mehrfach auf Schweizer Territorium beobachtet worden ist (Sievers, 1990). Dennoch hat sich auch die Schweiz an die Wiedereinbürgerungsaktion angeschlossen, und 1991 sind auf dem Gebiet des Schweizerischen Nationalparks SNP die ersten drei jungen Bartgeier in die freie Natur entlassen worden (Robin, 1991).

Sehr interessant ist auch ein Beispiel aus Schottland, wo in den Jahren 1975 bis 1985 auf der Insel Rhum 82 aus Norwegen eingeführte junge Seeadler freigelassen worden sind. Schon 1983 sind dort von einem Paar dieser Adler Eier gelegt worden, wobei die Brut aber nicht gelungen ist. Das erste Junge ist 1985 ausgeflogen. 1988 konnten elf Paare gezählt werden, von denen mindestens sechs ein Gelege hatten. Seit Beginn des Projekts sind schon acht Junge in freier Wildbahn ausgeflogen. Über ein Viertel aller freigelassenen Vögel pflanzen sich jetzt fort oder verhalten sich zumindest territorial (Love, 1987, 1989). Die vom Menschen neu geschaffene Seeadlerpopulation scheint gut zu funktionieren und erfolgversprechend für die Zukunft zu sein (Abb. 195).

Auch in Böhmen, in der Tschechoslowakei, wo vor hundert Jahren der Bestand des Seeadlers erloschen ist, konnte ein deutsch-tschechisches Wiederansiedlungsprojekt erfolgreich realisiert werden. Im dortigen Biosphären-Reservat Trebon, in welchem regelmäßig wilde Seeadler überwintern, sind in den Jahren 1978 bis 1985 insgesamt neun in Gefangenschaft gezüchtete Seeadler ausgesetzt worden. Früher als gedacht, nämlich schon 1983, brüteten die ersten ausgewilderten Vögel. Im Jahres 1988 sind dann schon fünf Seeadlerhorste gefunden worden, und in drei von ihnen sind insgesamt sechs Junge ausgeflogen. Wahrlich ein schöner Erfolg! Er spricht dafür, daß sich gezüchtete Vögel gut für

Abb. 195: Rufendes Seeadlerpaar (Li.)

die Auswilderung eignen, und er ließ erkennen, daß diese Tiere mit sicherem Instinkt die günstigsten Brutareale finden. Sie entsprechen den historischen Seeadlerbrutstätten im dortigen Gebiet (Trpak und Fenzloff, 1988).

Das wohl bezeichnendste Beispiel für den Schutz einer seltenen Greifvogelart ist die geglückte Wiederansiedlung des Wanderfalken in Mitteleuropa. In den sechziger Jahren war dieser Vogel in allen Ländern Mitteleuropas, aber auch in Südskandinavien wie in den meisten Regionen der westlichen Sowjetunion ausgestorben oder sein Bestand war katastrophal zurückgegangen. Wie schon erläutert, hing dies hauptsächlich mit dem negativen Einfluß von Pflanzenschutzmitteln aus der Gruppe der chlorierten Kohlenwasserstoffe und der von der Industrie ausgehenden Verseuchung der Umwelt mit dem Plastizid PCB zusammen. Anfang der siebziger Jahre sind in den meisten europäischen Ländern Europas Biozide in der Landwirtschaft, die auf der Basis von DDT hergestellt werden, verboten worden. Seit dieser Zeit wurde auch der Druck, die Emissionen von Schadstoffen deutlich zu verringern, immer stärker. Somit entstand in den vorstehend genannten Teilen Europas die konkrete Chance, daß der Wanderfalke zurückkehrte. Hier jedoch mit einem selbständigen Prozeß zu rechnen, war recht hoffnungslos, denn von woher sollten die Ansiedler kommen? So sah man die einzige Möglichkeit darin, Vögel auszuwildern, die in der Gefangenschaft gezüchtet worden sind.

Die Falkner in der Bundesrepublik Deutschlands betrieben solche Zuchtversuche schon seit Ende der sechziger Jahre. Motiv dieser Bemühungen war das Bewußtsein, daß die Beizjagd mit dem Falken bald der Vergangenheit angehört hätte, wenn es nicht gelänge, diese Greifvögel in Gefangenschaft zu züchten. Gleichzeitig kam aber in der Zuchtgruppe des Deutschen Falkenordens der Gedanke auf, daß aufgrund erfolgreichen Züchtens des Wanderfalken in Volieren auch die Möglichkeit bestände, ehemals verwaiste Gebiete wieder zu besiedeln. Anfangs entstanden zwei Falken-Zuchtzentren – eins in Berlin an der dortigen Freien Universität, geleitet von dem bekannten Veterinär-Wissenschaftler und Falkner Professor Dr. Saar und ein zweites in Coburg, als völlig private Einrichtung des Veterinärarztes und Falkners Dr. Trommer. In diesen Zuchteinrichtungen wurden alle, noch in Falknerhänden befindlichen, insgesamt noch wenigen Exemplare der mittelalterlichen Form des Wanderfalken zusammengestellt, um aus ihnen einen Stammbesatz für die Zucht zu bilden. Mit der Zeit wurde die Zucht dieser Vögel perfekt beherrscht, u. a. auch aufgrund eines Erfahrungsaustauschs mit der sich ebenfalls entwickelten Falkenzucht in Nordamerika. Etwas später entstanden dann in Deutschland und auch in anderen Ländern noch weitere Falkenzuchtstätten, teilweise auf der Basis von Zuchtmaterial, das aus der Gefangenschaft stammte.

Anfangs gab es bei der Zucht eine Menge Schwierigkeiten. Schon bei der Zusammenstellung der Zuchtpaare gab es Probleme. Längst nicht jedes Paar harmonisierte miteinander, was natürlich Voraussetzung für die Fortpflanzung ist. Weil es anfänglich an Möglichkeiten eines Partnerwechsels mangelte, war es oft einfach Glücksache, ob man ein wirkliches Zuchtpaar hatte. Auch stellte sich heraus, daß ein Teil der für die Zucht verwendeten Beizfalken in ihrem Verhalten falsch geprägt war, d. h. auf den Menschen als „Partner“ und nicht auf andere Falken. Deshalb kam es nicht zur Kopulation. Da blieb dann nur die künstliche Besamung, über die es auch keine Erfahrungen gab. Es mußten entsprechende Techniken entwickelt werden, die heute schon zu den einfachen Routinemethoden gehören. Übrigens sind sie jetzt kaum noch notwendig, da genügend gezüchtete und richtig geprägte Falken zur Verfügung stehen, aus denen die Paare zusammengestellt werden können. Schnell entdeckte man, daß von einem Falkenpaar jährlich mehr als nur die normale Zahl von drei bis vier Eiern zu erhalten ist, wenn ihnen das erste Gelege weggenommen wird und man sie dadurch veranlaßt, ein zweites Mal zu legen. Es ist sogar gelungen, noch ein Drittgelege zu erhalten. Eine höhere Anzahl an Eiern ist auch zu bekommen, wenn man die einzelnen Eier gleich nach dem Legen entfernt. Um ein volles Gelege zu haben, legt der Falke immer wieder Eier. So konnte eine Maximalproduktion von 16 Eiern provoziert werden, von denen 14 befruchtet waren. Eine solche Vergrößerung der Eiproduktion bedarf natürlich der künstlichen Inkubation im Brutapparat. Auch hier gab es anfangs Schwierigkeiten. Heute sind die Brutparameter für

Abb. 196: Brutschrank mit Falkeneiern (Pin.)

Falkeneier bekannt (Abb. 196). Bekannt sind auch die Methoden, um sogenannte Problemeier zu retten, aus denen normalerweise nichts schlüpfen würde. Zudem weiß man, wie notfalls eine Schlupfhilfe gegeben werden kann. An sich gibt es jetzt nur noch wenig Brutverluste, wenn die gelegten Eier befruchtet sind. Auch die Aufzucht der jungen Falken bereitet nunmehr keine größeren Schwierigkeiten (Abb. 197).

In Deutschland begann man mit der Auswilderung von Wanderfalken im Jahre 1977. Anfangs waren es jährlich nur wenige Vögel, die ausgesetzt wurden, später sind es dann in jedem Jahr zwischen zwanzig und fünfzig Jungfalken gewesen. Nach Angaben von Saar, Trommer und Hammer (1990) sind bis 1990 insgesamt 480 Vögel ausgewildert worden. Berücksichtigt man den Schwierigkeitsgrad dieses Projektes, dann ist das eine wahrlich imposante Zahl. Die vorstehend genannten Autoren konnten aufgrund einer von den Amerikanern ausgearbeiteten Überlebenstabelle für ausgewilderte Falken ausrechnen, daß von den ausgesetzten Falken im Jahre 1990 etwa 49 geschlechtsreife lebende Wanderfalken in der Natur existierten. Die Wirklichkeit hat gezeigt, daß diese Rechnung nahezu stimmt, denn für das angegebene Jahr sind den Projektleitern weit über 20 angesiedelte Wanderfalkenpaare bekannt gewesen. Diese rekrutierten sich aus Auswilderungen, wobei bei einzelnen Paaren die Herkunft eines der Partner allerdings ungewiß war. Die Projektleiter wußten auch sicher von 48 Jungfalken, die in diesem Jahr ausgeflogen waren, und schätzten, daß es insgesamt wohl noch einige mehr gewesen sind.

Auf welche Weise werden die gezüchteten Wanderfalken ausgewildert? Ausprobiert und angewandt worden sind verschiedene Methoden (Saar u. a., 1982). Die verhältnismäßig einfachste und am meisten natürliche Adoptionsmethode beruht darauf, daß man in einen schon besetzten Falkenhorst weitere Junge in etwa gleichem Alter wie die dort schon vorhandenen zusetzt. Diese werden ohne weiteres von den Adoptiveltern angenommen. Allerdings sollten zusammen nicht mehr als vier Junge im Horst sein, was etwa der maximalen Größe eines Wanderfalkengeleges entspricht. Nur soviel Junge vermag ein Elternpaar aufzuziehen. „Findelkinder" werden ebenso von Altfalken angenommen, die z. B. unbefruchtete Eier oder auch solche mit abgestorbenen Embryonen bebrüten. Bekannt sind Fälle, in denen Nestlinge sogar von solchen Altvögeln angenommen worden sind, die überhaupt kein Gelege hatten und lediglich horstterritorial waren. Hier gibt es also vortreffliche Manipulationsmöglichkeiten, wenn besetzte Horste bekannt sind. Beim Mangel an Horsten (insbesondere betrifft das die Wiederansiedlung der baumbrütenden Wanderfalken im Flachland) kommen auch Habichte oder Mäusebussarde als Pflegeeltern in Frage. Aus den von diesen Vögeln besetzten Horsten müssen die Jungen entnommen werden und an ihrer Stelle junge Falken eingesetzt werden. Auch hier gibt es keine Komplikationen bei der Aufzucht durch

Abb. 197: Gezüchtete junge Wanderfalken im Nestlingsalter werden vom Altvogel geatzt (Sa.)

Abb. 198 a: Wanderfalken-Kunsthorst auf einem Baum (Sö.)

die Ersatzeltern. Gleichzeitig werden die Jungfalken darauf geprägt, alte Baumhorste als künftige Unterlagen ihres eigenen Horstes zu benutzen.

Läßt sich die Adoptionsmethode nicht anwenden, dann kann man sich mit bestem Erfolg auch der Kunsthorstmethode bedienen. Diese eignet sich besonders für Auswilderungen im felsigen Bergland und in Städten mit hohen Gebäuden. Man orientierte sich hierbei an den Erfahrungen der Falkner aus früheren Zeiten, die ihre jungen Beizfalken in den Wildflug stellten. Das geschah so, daß die kaum flüggen Vögel an einem Ort im Revier gewöhnt und dort dann freigelassen wurden. Die Vögel kamen natürlich regelmäßig zum Atzungsplatz, der immer gut bestückt war und übten inzwischen die Kunst des Fliegens und Jagens. Wenn sie langsam selbständig wurden, fing man sie wieder ein und trug sie dann weiter auf falknerische Art ab. Die Auswilderung über Kunsthorste ist nichts anderes – mit dem Unterschied, daß man dafür spezifische Wanderfalken-Biotope auswählt und daß die Jungfalken natürlich nicht wieder eingefangen werden, sondern verwildern. Der Kunsthorst ist eine Art von umbauter Plattform, die an eine Felswand, ein Gebäude oder auch auf einem hohen Baum installiert wird und vor anderen Beutegreifern, die den Jungfalken gefährlich werden können, gesichert ist (Abb. 198 a, b). Gefüttert wird mittels eines langen Rohres, um die jungen Falken nicht zu beunruhigen. Sind diese erwachsen, dann wird die vordere durchsichtige Wand des Horstkastens oder die Überdachung des künstlichen Baumhorstes entfernt. Die jungen Falken können beliebig abfliegen und zum Horst zurückkehren, was sie auch gerne tun (Abb. 199).

In Deutschland wurden die Auswilderungen des Wanderfalken bis zur Zeit der Wiedervereinigung vor allem in den mittleren Räumen des Landes durchgeführt. Ein Teil der Vögel blieb in der Nähe der Aussetzungsorte, ein weiterer Teil siedelte sich jedoch auch weitab von dort an, u. a. auf dem Territorium der damaligen DDR, wo in erster Linie ehemalige Falkenbrutplätze besetzt wurden. Interessant ist die Anziehungskraft solcher „Falkenfelsen“ und die phantastische Gabe der Falken, diese doch im weiten Land verstreuten Stellen wiederzufinden. Weitere Auswilderungen werden sich nun gewiß auf neue, von den schon vom Falken besiedelten Gebieten weit entfernten, mehr nördlich oder östlich gelegenenen Räumen konzentrieren. Dies gilt sowohl für die Felsbrüter als auch für die Baum-

Abb. 198 b: Auswilderungskasten für Wanderfalken an einem Felsen (Au.)

Abb. 199: Auswilderungskäfig mit jungen Wanderfalken auf einem Baum (Pin.)

brüter, deren Wiederbelebung als eigenständige Population erst begonnen hat. Angestrebt und auch schon verwirklicht ist dabei eine enge Zusammenarbeit mit den polnischen Greifvogelschützern. Auch in Polen ist man nämlich daran interessiert, den beinahe erloschenen Wanderfalkenbestand wieder aufzubauen. Hier wird ein eigenes Wiedereinbürgerungsprojekt durchgeführt, das vom Staat finanziert und von der Forschungsstation des Polnischen Jagdverbandes in Czempin koordiniert wird. Seit 1986 gibt es in den Zuchteinrichtungen Zuwachs beim Wanderfalken, und 1990 sind die ersten Jungfalken ausgewildert worden.

Verminderung der Sterblichkeit der Wildpopulationen

Zu den praktischen Maßnahmen beim Greifvogelschutz gehört es, in die Hände des Menschen gelangte verletzte und geschwächte Greifvögel individuell gesundzupflegen und wieder frei zu lassen. Nicht selten sind dies Nestlinge aus abgestürzten Horsten, aus ausgemähten Rohrweihenhorsten etc. Die Greifvögel fallen aber zahlreichen Unfällen zum Opfer, da sie neben allerlei natürlichen Gefährdungen auch noch vielen vom Menschen ausgehenden Gefahren ausgesetzt sind, die gewöhnlich schlimme Folgen für sie haben. Es reicht hier, die verschiedenen Arten von Vergiftungen zu erwähnen, die Kollisionen mit Telefon- und Hochspannungsdrähten, das Verfangen in Fischnetzen, das zufällige Hineingeraten in legal oder auch illegal (je nach Rechtsverordnungen in den einzelnen Ländern) aufgestellten Schlageisen und leider auch Schußverletzungen durch die Jäger. Ein Teil der Vögel kommt mit dem Leben davon, meist sind sie dann aber verletzt und geschwächt. Kleinere Greifvögel werden in solchen Situationen gewöhnlich von anderen Beutegreifern gefressen und nur selten vorher vom Menschen gefunden. Die größeren Arten dagegen, wie z. B. Adler, geraten relativ häufig wieder in die Hände von Menschen, diesmal in hilfreiche Hände. Dann erhebt sich gleich die Frage, was mit einem solchen hilfebedürftigen Vogel anzufangen ist. Meistens gelangt er in einen der Tierparks, die nach allgemeiner Ansicht die Institutionen sind, die solchen Greifvögeln Hilfe leisten. Für gewöhnlich sind sie das auch und können, sagen wir mal, einen Adler wieder gesundpflegen. Aber nur selten wird ihm dann wieder die Freiheit zurückgegeben. Die Ziele und Grundsätze der Tiergärten sind nämlich andere. Dort geht es vor allem darum, eine möglichst große und vielfältige „Kollektion“ zu besitzen. Überzählige und seltene einheimische Greifvögel werden dabei gerne im Ausland gegen andere exotische Tiere ausgetauscht. Zwar ist es schon wichtig, daß jeder durchschnittliche Bürger eines Landes wenig-

Abb. 200: Wiederfreilassung eines gesundgepflegten Seeadlers in Polen (Pin.)

stens im Zoo interessante Tiere aus der ganzen Welt begucken kann, aber nicht auf Kosten der einheimischen, sowieso schon stark angeschlagenen Wildtierreserven! Ähnlich ist es leider auch mit einem Teil der Greifvogelpflegestationen, die leicht zu Menagerien entarten. Stationen zu unterhalten, in denen zahlende Besucher Zutritt haben, ist nicht zu akzeptieren. Das Retten der Vögel hat dann nur Alibifunktion.

Allerdings sind auch nicht alle aufgenommenen Greifvögel nach Gesundpflege und entsprechender Rehabilitation dazu geeingnet, wieder in die Natur entlassen zu werden. Diese sollten dann zu Zuchtzwecken genutzt werden oder eben auch Tiergärten übergeben werden.

In den zwei, dem staatlichen Naturschutzbehörden unterstellten Greifvogelpflegestationen in Polen werden alljährlich neben zahlreichen Exemplaren der häufig vorkommenden Greifvögel auch zehn oder mehr Adler der verschiedenen Arten aufgenommen. Etwa zwei Drittel davon wird früher oder später nach bestem Wissen und Gewissen wieder freigelassen(Abb. 200). Es ist nicht leicht, diese Vögel dann weiter zu beobachten. Soweit dies möglich war, verhielten sie sich meist „normal", was für ihre Überlebenschancen spricht. Für die zahlenmäßig nur schwachen Wildbestände der Adler ist gewiß jedes gerettete Individuum von Bedeutung.

Zu den Schutzmaßnahmen gehört auch die Winterfütterung. Zahlreiche Greifvogelarten ernähren sich bei Nahrungsmangel auch von Aas. Insbesondere betrifft das Vögel, die in Mitteleuropa überwintern. In dieser klimatischen Zone wiederholen sich alle paar Jahre strenge Winter.

Diejenigen Greifvögel, die es aus irgendwelchen Gründen dann nicht geschafft haben, sich nach Süden abzusetzen, leiden häufig unter Hunger, was auch tödlich enden kann. Alle Pflanzenfresser sind mit physiologischen Mechanismen ausgerüstet, die es ihnen erlauben, im Winter die Energieausgaben ihres Organismus bedeutend einzuschränken. Die Fleischfresser, und insbesondere die Greifvögel, sind in einer gegenteiligen Situation. Bei harten Winterverhältnissen verausgaben sie mehr Energiereserven. Diese Verluste können sie nicht durch das theoretisch erleichterte Erbeuten von geschwächten Tieren ausgleichen, da diese aufgrund der schon erwähnten bioenergetischen Überlebensstrategie weniger mobil sind, also auch weniger sichtbar und für den fliegenden Beutegreifer schlechter erreichbar. Das Auslegen von Fallwild, Tierkadavern und Fleisch kann dann eine große Hilfe sein. Seeadler und Steinadler weilen machmal den ganzen Winter in der Nähe von solchen Luderplätzen. Gelegentlich ernähren sich davon auch zahlreiche Bussarde, ja sogar Habichte. Diese werden dann dadurch etwas von der Verfolgung des Niederwildes abgelenkt, und so mancher Bussard wird vor dem Hungertod bewahrt.

7.

Falknerei

Die Beizjagd ist die einzige Jagd, die in unveränderter Weise seit tausend Jahre besteht. Alle anderen Jagdtechniken unserer Vorfahren unterlagen ständigen Veränderungen. Am Anfang waren es steinerne Äxte und Keile, später nutzte man Pfeil und Bogen, um damit das Wild zu erlegen. Pfeil und Bogen wurden dann mit der Armbrust vertauscht, die schließlich von Feuerwaffen abgelöst worden ist. Diese machen eine ständige technische Evolution durch. Verändert haben sich auch alle zusätzlichen technischen Hilfsmittel wie Fangnetze, Fanggruben oder die verschiedenen Fanggeräte. Auch die Tiere, die als Jagdhelfer des Menschen dienen, also die Jagdhunde, sind nicht die gleichen geblieben. Rassen und Formen wie auch die Einsatzarten wandelten sich. So wie schon vor Jahrhunderten wird lediglich die Beizjagd betrieben. Benutzt werden die gleichen Greifvogelarten, die nach denselben Prinzipien und mit denselben Methoden für die Jagd vorbereitet werden. Auch das notwendige Falknergeschirr hat sich kaum verändert.
Viele bekannte Jagdhistoriker und Jagdwissenschaftler halten die Falknerei für die edelste Form der Jagdausübung überhaupt. Ein Falkner muß mit weit mehr Fähigkeiten ausgestattet sein als ein Jäger, der nur mit dem Gewehr die Jagd ausübt. Für den Menschen ist es nicht einfach, mit dem Beizvogel, der von Natur aus schwer zu zähmen ist, tiergerecht umzugehen. Es besteht hier ein Verhältnis zwischen Mensch und Tier, wie es kein Zweites gibt. Diese Beziehung ist nicht mit der zu vergleichen, die zwischen Haustieren und dem Menschen existiert. Sie kann auch nicht mit dem Halten von Wildtieren in Gefangenschaft, also in Käfigen, Volieren, Terrarien usw. gleichgestellt werden, ganz egal, welches Ziel diese Tierhaltung auch haben mag. Auf den Punkt gebracht, in der Falknerei kommt es zwar auch zur „Zähmung" eines wilden Tieres durch den Menschen, aber auf der Basis einer Interessengemeinschaft. In diesem eigenartigen Gefüge, in dem beide Seiten als Jagdkumpanen funktionieren, gibt es kein dienerisches Untertänigkeits-Verhältnis, welches für die Bande eines Haustieres typisch ist. Der Beizvogel kann

Abb. 201: Falkner wirft seinen Falken von der Faust (Ku.)

Abb. 202: Beizadler bei erfolglosem Jagdflug auf einen Hasen (Ku.)

praktisch jederzeit in das freie, selbständige Leben zurückkehren. Gelegenheiten dazu hat er genügend. So weiß jeder Falkner, daß die Zähmung oder besser gesagt das Gewöhnen eines Beizvogels an den Menschen nur sehr oberflächlich und kaum gefestigt ist. Es kann ganz schnell wieder ausgelöscht werden (Abb. 201). Wählt der Beizvogel nicht die Freiheit, dann tut er dies nicht etwa deshalb, weil ihm sein Pfleger so „lieb" ist oder er ihn so „gerne hat" und sich sehr an ihn gebunden fühlt. Nein, der Beizvogel tut es deswegen nicht, weil er nicht die Notwendigkeit spürt, sich zu entfernen. Durch das geschickte Abtragen (Gewöhnen an den Falkner) – wobei ausschließlich Reflexhandlungen des Vogels ausgenützt werden, denn höhere psychische Reaktionen finden hier nicht statt – wird in ihm die Überzeugung gefestigt, daß eine derartige Abhängigkeit vom Menschen von Nutzen ist.

Ohne Übertreibung läßt sich wohl sagen, daß die Beziehungen zwischen Falkner und Beizvogel ein mustergültiges Beispiel für das Verhältnis des Menschen zu der aus der Natur entnommenen Wildtieren sind. In der heutigen Zeit, in der dieses Verhältnis generell neu durchdacht wird und in der die Notwendigkeit besteht, ihm eine neue Basis zu geben, scheint eine Revision der Meinung jener an der Zeit, die sich auf einen fälschlich verstandenen Begriff des Vogelschutzes stützen und von daher gerade den Falknern die größten Vorwürfe machen. Andererseits müssen auch die Falkner heute mehr denn je darauf bedacht sein, ihre Passion im Blickwinkel der aktuellen Bedürfnisse des Naturschutzes zu sehen.

Bemerkenswert ist noch ein weiterer Aspekt der Beizjagd, welche sie deutlich von allen anderen Jagdarten unterscheidet. Der Falkner ist aus Prinzip mit einer kleinen Jagdstrecke zufrieden. Die Beute hat für die Jagd keine besondere Bedeutung. Es zählt vor allem die Freude über das Ausüben einer solchen Jagd. Es zählt der direkte Kontakt mit dem Beizvogel, die Schönheit seines Aussehens, das unmittelbare Beobachten des eleganten und dynamischen Fluges des Vogels, es zählt endlich die aktive Teilnahme an dem wundervollen Naturgeschehen, den der Jagdflug eines Greifvogels bietet. Weniger wichtig ist das Resultat. Von vorne herein ist nämlich klar, daß längst nicht jeder Angriff erfolgreich ist, wenn die Chancen eines Beizvogels im Vergleich mit einem wildlebenden Greifvogel auch größer sind, da hier der Mensch etwas mithilft (Abb. 202). Also, es zählen hier andere Werte mehr als die Zahl des erbeuteten Wildes. Nehmen wir zum Vergleich einen mit einer Flinte bewaffneten Jäger, der auf dieselbe Niederwildarten jagt, die auch den Falkner interessieren. Der Flintenjäger geht nicht zur Jagd, um ein paar Schüsse abzugeben, denn das kann er auch auf dem Schießstand tun. Er jagt, um etwas zu erlegen, und wenn es geht, möglichst reichlich. Über Fehlschüsse ist er unzufrieden, und die Zahl des krankgeschossenen und dann nicht immer gefundenen Wildes wird als leider notwendiges Übel betrachtet. Bei der Beizjagd gibt es kein verletztes und dann nicht geborgenes Wild. Dem Beizvogel gelingt es entweder nicht, die verfolgte Beute einzuholen und zu schlagen (sein Stoß ist verfehlt) oder aber der Jagdflug ist erfolgreich und das Wild wird gebunden, d. h. festgehalten und dann getötet (Abb. 203).

Berücksichtigt man dies, dann ist die Beizjagd zweifelsohne eine Jagdart, die am schonendsten mit dem Niederwildbesatz umgeht. Dies ist in der gegenwärtigen Situation eines ständigen Bestandsrückgangs nicht ohne Bedeutung. Mit dieser Feststellung soll natürlich nicht zu einer Massenverbreitung der Falknerei aufgerufen werden. Dazu mangelt es übrigens an entsprechenden Vorbedingungen. Die durch viele Faktoren bedrohten Populationen der meisten Greifvogelarten erlauben es nicht, ihren Bestand aufgrund der Bedürfnisse der Falkner noch zusätzlich zu schmälern. Zwar benutzen die Falkner in immer größerem Maß Beizvögel, die aus der Volierenzucht stammen, insbesondere wenn es um die selteneren Arten geht. Aber auch diese Bezugsquelle ist nicht allzu reichhaltig und nicht beliebig zu erweitern. Völlig unabhängig davon mangelt es jedoch unter den jagdlich interessierten Menschen an einer größeren Anzahl von Liebhabern der Falknerei. Das liegt einmal an dem Schwierigkeitsgrad dieser Kunst des Jagens, und zum anderen an der Chance, größere Jagdstrecken zu erzielen. Schließlich hat bei weitem nicht jeder die Möglichkeit, einen Beizvogel artgerecht zu halten. Ein Beizvogel ist nun mal kein Jagdgewehr, das man nach der Pirsch oder dem Ansitz in den Waffenschrank stellt und beliebig später herausnimmt. Die Beizjagd ist etwas für wahre Enthusiasten, die nicht alltägliche Eindrücke in der Natur suchen (Abb. 204).

Abb. 203: Erfolgreicher Angriff eines Beizhabichts auf ein Wildkaninchen (Ku.)

Abb. 204: Junger Wanderfalke – Beizvogel startet zum Flug (Ku.)

Seit dem Altertum existiert, wenn auch nur in einer Restform, die Falknerei in Zentralasien. In der Mongolei und in einigen ehemals asiatischen Sowjetrepubliken sind noch bis heute vereinzelt berufliche Falkner tätig, die mit abgetragenen

Abb. 205: Sibirischer Falkner mit Steinadler und gebeiztem Fuchs sowie Hasen (Mo.)

Steinadlern Pelztiere beizen. Hauptbeizwild sind die dortigen Steppen-Murmeltiere, gebeizt werden aber auch Korsak-Füchse, die etwas kleiner sind als der europäische Rotfuchs, oder Tolai-Hasen, die dortigen Vertreter unserer Feldhasen. Vereinzelt werden sogar Wölfe gebeizt, was zweifelsohne ein Meisterstück der Falknerei ist. Hoch im Preis sind dort Habichte als Beizvögel, die auf den Märkten in Städten und Siedlungen Kirgisiens zum Verkauf angeboten und mit denen dort Hasen und Flugwild gebeizt werden. Insgesamt sind das aber nur vom Aussterben bedrohte Relikte vergangener Zeiten, denn die jüngere Generation wählt dort zunehmend die Flinte für die Jagd und nicht den weniger effektiven Beizvogel (Abb. 205).
Seit ihren Anfängen in den ersten Jahrhunderten unserer Zeitrechnung bis heute existiert auch in den arabischen Ländern die Falknerei. Allerdings hat sie eine völlig andere Form angenommen, indem sie zum Privileg der Herrschenden, zum Statussymbol geworden ist. Die Anzahl der im Besitz eines Scheichs befindlichen Falken zeugt u. a. von seiner Stellung und seiner Macht sowie von seiner Wohlhabenheit. In der Staatsverwaltung mancher arabischer Länder gibt es ganze Ämter, die mit der Falknerei zu tun haben. An den Höfen der Scheichs sind zahlreiche Berufsfalkner angestellt. Die am meisten gefragte Falkenart ist dort der Saker. Diese Falken werden hauptsächlich aus Pakistan, Irak und Iran eingeführt, wo wiederum ganze Unternehmen daran verdienen, weil sie fangen und verkaufen. Genutzt werden die einheimischen Bestände des Sakers wie auch die der sich auf dem Zug aus dem Norden befindlichen Vögel. Der Bedarf an Greifvögeln für die Beizjagd in Arabien ist sehr groß. Nicht genug, daß die einzelnen Falkenhöfe große Besätze haben wollen, zudem ist die Lebenserwartung der Falken dort nicht hoch, was u. a. mit den schwierigen klimatischen Verhältnissen zusammenhängt. Das betrifft besonders die nordischen Gerfalken, die leider begehrt und somit wertmäßig hoch eingeschätzte Beizvögel der arabischen Falkner sind (Abb. 206).
In Europa ist die Falknerei in manchen Ländern erlaubt, in anderen verboten, in wieder anderen gibt es sie nicht, da überhaupt kein Interesse für sie vorhanden ist. Insgesamt sind es hier wohl kaum mehr als tausend Falkner, die sich aktiv mit der Beizjagd befassen. Im Verhältnis zu mehreren Millionen Jägern ist das eine ganz geringe Zahl. Dennoch stehen sie in weit stärkerem Kreuzfeuer der Kritik als die Jäger, und das nur deshalb, weil sie anstatt Schießgewehre Beizvögel für die Jagd benutzen (Abb. 207). Ähnlich ist es auch in Nordamerika, wo es ebenfalls nur wenig Falkner, aber sehr viele Jäger gibt.
Ob eine Greifvogelart zur Beizjagd taugt, hängt von charakteristischen psychischen sowie physischen Eigenschaften und Merkmalen ab, die mit ihrer Biologie und mit ihrer Rolle im Natur-

Abb. 206: Arabischer Falkner (Ni.)

Abb. 207: Beizhabicht im Jagdflug (Ku.)

haushalt zusammenhängen. Jeden Greifvogel kann man zähmen oder ihm beibringen, aus freiem Flug zum Pfleger zurückzukommen. Das gilt insbesondere wenn er schon als Nestling in die Hand des Menschen gerät. Viele Arten sind jedoch für die Falknerei völlig ungeeignet, da die Art und Weise ihres Nahrungserwerbs vom Gesichtspunkt des Falkners wenig attraktiv ist oder aber ihre potentiellen Beutetiere zu klein und daher für den Menschen uninteressant sind. Andere Arten sind wiederum zu groß, so daß die Beizjagd mit ihnen zu anstrengend wird. Aus den genannten Gründen eignen sich folgende Greifvogelarten nicht für die Beizjagd: Bussarde, Milane, Weihen, Schreiadler, Kaiseradler, Seeadler, Fischadler und Kleinfalken. Gegenwärtig ist bei der eventuellen Wahl eines Beizvogels ein anderer Faktor entscheidend. Der Zahlenbestand seltener, in ihrer Existenz bedrohten Arten darf auf keinen Fall durch die Falkner geschmälert werden. Sie sind schließlich Greifvogelschützer, wenn sie auch häufig bezichtigt werden, gerade dies nicht zu sein. Der Wahrheit wegen muß gesagt sein, daß die Falkner teilweise selber daran Schuld haben, bei den Vogelschützern einen so schlechten Ruf zu besitzen. Immer wieder gibt es nämlich „schwarze Schafe" unter ihnen, die versuchen, ihren Greifvogel illegal der Natur zu entnehmen. Für den Habicht, der ja nun wirklich nicht selten ist, sind meistens ohne Schwierigkeiten Sondergenehmigungen zu erhalten, um ihn zu fangen oder auszuhorsten. Und Falken kann man heute schon zu angemessenen Preisen legal von dazu berechtigten Züchtern kaufen. Diese Vögel stammen aus der Volierenzucht, und somit kann es keine Vorbehalte geben, sie zu falknerischen Zwecken zu benutzen. Dagegen in den Besitz von Wildfalken kommen zu wollen, ist ein Verbrechen, das nicht genügend mißbilligt und geahndet werden kann. Dem Ansehen der Falknerei schaden solche Freveltaten sehr.

8.

Literaturverzeichnis

ADEREGG, R., 1983: Gänsegeier in den Cévennen-Schluchten. Wildtiere, 4: 10 – 13.

ADEREGG, R., 1986: Die Bartgeier-Wiederansiedlung hat begonnen. Wildtiere, 2: 9 – 11.

ADEREGG, R., 1987: Neues von den Bartgeiern. Wildtiere, 2: 17 –19; 3: 18.

ANDERSON, D. W.; HICKEY, J. J., 1974: Eggshell changes in raptors from the baltic region. Oikos, 25: 395 – 401.

ANDERSON, M.; ERLINGE, S.; 1977: Influence of predation on rodent population. Oikos, 29: 591 – 594.

BAUM, F.; CONRAD, B., 1978: Greifvögel als Indikator für Veränderungen der Umeltbelastungen durch chlorierte Kohlenwasserstoffe. Tierärztl. Umschau, 12: 661 – 668.

BAUMGART, W., 1978: Der Sakerfalke. Neue Brehm-Bücherei. A. Ziemsen Verlag. Wittenberg-Lutherstadt.

BAUMGART, W., 1985/86: Erörterungen zur Wanderfalkenfrage. Der Falke, 32: 366 – 377, 402 – 412; 33: 18 – 27, 58 – 61.

BIJLEVELD, M., 1974: Birds of Prey in Europe. Macmillan Press. London and Basingstoke.

BROWN, L., 1976: Birds of Prey. The Hamlyn Publishing Group Ldt. Feltham.

BROWN, L.; Amadon, D., 1969: Eagles, Hawks and Falcons of the World. Country Life, London.

BRÜLL, H., 1977.: Das Leben europäischer Greifvögel. Gustav-Fischer-Verlag, Stuttgart – New York.

BRÜLL, H.; 1980: Die landschaftsbiologische Bedeutung der Greifvögel. Materia Medica Nordmark, 32: 323 – 340.

CONRAD, B., 1977: Die Giftbelastung der Vogelwelt Deutschlands. Kilda-Verlag, Greven.

CZARNECKI, Z.; FOKSOWICZ, T., 1954: Obserwacje dotyczące składu pokarmu myszołowa zwyczajnego (Buteo buteo L.). Ekol. pol. Ser. A, 2: 477 – 484.

DIJKSTRA, C.; VUURSTEEN, L.; DAAN, S.; MASMAN, D., 1982: Clutch size and laying date in the kestrel Falco tinnunculus: effect of supplementary food. Ibis, 124: 210 – 213.

DORNBUSCH, M., 1987: Bestandssituation und Schutzmaßnahmen bei Greifvögeln in der DDR. In: Populationsökologie Greifvogel und Eulenarten. Ed. M. Stubbe. Wiss. Beitr. Univ. Halle, 1987/14 (P-27): 27 – 32.

DYCK, J.; BIRKHOLM-CLAUSEN, F.; BOMHOLT, F.; KRAUL, J.; SCHELDE, O., 1981: Greifvögel und Pestizide – die Situation in Dänemark mit besonderer Berücksichtigung des Sperbers. Ökologie der Vögel 3, Sonderheft 1981: 197 – 206.

ERRINGTON, P. L., 1946: Predation and vertebrate populations. Q. Rev. Biol., 21: 144 – 177.

FISCHER, W., 1980: Die Habichte. Die Neue Brehm-Bücherei, A. Ziemsen-Verlag, Wittenberg-Lutherstadt.

FIUCZYNSKI, D., 1981. Bestand, Vermehrung und Biozidbelastung des Baumfalken (Falco subbuteo) im Berliner Raum. Ökologie der Vögel 3, Sonderheft: 253 – 260.

FREY, H.; WALTER, W., 1987: Wiedereinbürgerung des Bartgeiers in den Alpen. Rundbrief der Weltarbeitsgruppe für Greifvögel und Eulen, 6: 12 – 13.

FUCHS, P.; THISSEN, J. B. M., 1981: Die Pestizid- und PCB-Belastung bei Greifvögeln und Eulen in den Niederlanden nach den gesetzlich verordneten Einschränkungen im Gebrauch der chlorierten Kohlenwasserstoffpestizide. Ökologie der Vögel 3, Sonderheft: 181 – 195.

GLAUBRECHT, M., 1981: Dreieinhalbjährige Untersuchung zur Lebensweise einer Mäusebussardpopulation (Buteo buteo) im Westen Ahrenburgs unter Anwendung einer individuellen Erfassungsmethode. Hamb. Avifaun. Beiträge, 18: 149 – 170.

GLUTZ VON BLOTZHEIM, U. N.; BAUER, K. M.; BEZZEL, E., 1971: Handbuch der Vögel Mitteleuropas, Band 4, Falconiformes. Akademische Verlagsgesellschaft Frankfurt.

GOSLOW, G. E., 1971: The Attacks and Strike of Some North American Raptors. Auk, 88: 215 – 227.

GRACZYK, R., 1975: Wspólczesne problemy ochrony i restytucji niektórych gatunkow ptaków i ssaków lesnych. In: Gospodarka lesna i drzewna na tle nowoczesnej ochrony srodowiska. Akad. Roln. Poznan: 14 – 17.

HASTÄDT, V.; SÖMMER, P., 1987: Ein Beitrag zur Ernährung nestjunger Mäusebussarde Buteo buteo (L.). In: Populationsökologie Greifvögel- und Eulenarten. Ed.

M. Stubbe. Wiss. Beitr. Univ. Halle, 1987/14 (P-27): 267 – 277.

Höglund, N., 1964: Über die Ernährung des Habichts (Accipiter gentilis L.) in Schweden. Viltrevy, 2: 271 – 328.

Joiris, C.; Dejaegher, J.; Delbeke, K., 1979: Changes of eggshell thickness in Belgian birds of prey. Le Gerfaut, 69: 195 – 210.

Kalchreuter, H., 1980: Habicht, Mensch und Beutetier. Wildforschungsstelle Baden-Württemberg. Informationen aus der Wildforschung, 1: 1 – 26.

Kalchreuter, H., 1983: Neues vom Habicht. DJV-Nachrichten, 4: 7 – 10.

Kalotás, Z., 1983: Über die jagdwirtschaftliche Rolle der Mäusebussarde (Buteo buteo L.) in mit Niederwild angereicherten Jagdgebieten. Puszta, 1/10: 19 – 35.

Kenward, R., 1977: Predation on released pheasants (Phasianus colchicus) by goshawks in Central Sweden. Viltrevy, 10: 79 – 112.

Kenward, R., 1978: Hawks and doves: Factors affecting success and selecton in goshawk attacks on woodpigeons. Jornal od Animal Ecology, 47: 449 – 460.

Kenward, R., 1982: Problems of goshawk predation on pigeons and other game. Acta XVIII Congressus International Ornithologici, Moscow, „Nauka" Vol. II.

Kenward, R., 1983. Gedanken zum Greifvogelschutz. Nieders. Jäger, 18: 952 – 955.

Kenward, R.; Lindsay, I. M., 1881: Understanding the goshawk. The Intern. Ass. for Falconory and Conserv. of Birds of Prey.

Kenward, R.; Marcström, V.; Karlbom, M., 1981: Goshawk winter ecology in Swedish pheasant habitats. J. Wild. Manage., 45: 397 – 408.

Kirmse, W.; Kleinstäuber, G., 1987: Geriet der Wanderfalke in ein Energiedefizit? Der Falke, 34: 318 – 323; 35: 368 – 372.

Koivusaari, J.; Nuuja, J.; Palokanges, R., 1972: Decrease in eggshell tickness of the white-tailed Eagle in Finland during 1964 – 1971. Ornis fennica, 49: 11 – 13.

Kolbe, M., 1987: Bestandsentwicklung und Reproduktionsrate der Weihen im Bezirk Potsdam. In: Populationsökologie von Greifvogel- und Eulenarten. Ed. M. Stubbe. Wiss. Beitr. Univ. Halle, 1987/4 (P-27): 191 – 201.

Korpimäki, E., 1985a: Prey choice strategies of the kestrel Falco tinnunculus in relations to available small mammals and other Finnish birds of prey. Ann. Zool. Fennici, 22: 91 – 104.

Korpimäki, E., 1985b: Diet of kestrel Falco tinnunculus in the breeding season. Ornis fennica, 62: 130 – 137.

Langvatin, R.; Mokanes, A., 1979: On the breeding ecology of the Gyrfalcon Falco rusticolus in Central Norway 1968 – 1974. Fauna Norvegica, Ser. C. 2: 27 – 39.

Lewis, R., 1988: Neues vom Mauritius Turmfalken. Rundbrief der Weltarbeitsgruppe für Greifvögel und Eulen, 8: 9 – 10.

Lidsbarski, H., 1987: Zum Problem der Rückstände chlorierter Kohlenwasserstoffe in Greifvögeln und Eulen. In: Populationsökologie von Greifvogel- und Eulenarten. Ed. M. Stubbe. Wiss. Beitr. Univ. Halle, 1987/4 (P-27): 171 – 190.

Linden, H.; Wikmann, M., 1980: Brood size of the goshawk in relation to tetraonid densities. Somen Riista, 27: 63 – 69.

Lindner, A.; Brüll, H.; Lutterotti, L.; Scherzinger, W., 1977: Die Waldhühner. Verlag Paul Parey, Hamburg und Berlin.

Link, H., 1986: Untersuchungen am Habicht (Accipiter gentilis). DFO-Schriftenreihe, 2: 1 – 95.

Love, J. A., 1987, 1989: Wiederansiedlung des Seeadlers in Schottland. Rundbriefe der Weltarbeitsgruppe für Greifvögel und Eulen, 7: 10 – 11; 10: 7.

Lundgren, U., 1979: Tjällvraken Buteo lagopus uppträdande i Sverige hösten 1978. Vår Fogelwärld, 38: 95 – 100.

Marcström, V.; Kenward, R., 1981: Movements of wintering goshawks in Sweden. Swedish Wildl. Res., 12: 1 – 35.

Mebs, T., 1964: Zur Biologie und Populationsdynamik des Mäusebussards (Buteo buteo). J. Orn., 105: 247 – 306.

Melde, M., 1983: Der Mäusebussard. Die Neue Brehm-Bücherei. A. Ziemsen-Verlag, Wittenberg-Lutherstadt.

Meyburg, B. U., 1970: Zur Biologie des Schreiadlers (Aquila pomarina). Deutscher Falkenorden, 1969: 32 – 66.

Meyburg, B. U., 1971: Versuche zur künstlichen Steigerung der Vermehrungsrate des Schreiadlers (Aquila pomarina) zu seinem Schutze. Beitr. Vogelk. Leipzig, 17: 207 – 227.

Meyburg, B. U., 1974: Sibling Aggression and Mortality Among Nesting Eagles. Ibis, 116: 224 – 228.

Meyburg, B. U., 1983: The significance for captive breeding programmes of fratricide and cainism in birds of Prey. International Zoo Yearbook, 23: 110 – 113.

Meyburg, B. U., 1985: Management zur Anhebung des Greifvogelbestands. Acta XVIII Congressuns International Ornithologici, Moscow, „Nauka" Vol. II: 683 – 693.

Meyburg, B. U.; Garzon Heydt, J., 1973: Sobra la protección del Aquila Imperial (Aquila heliaca adalberti) aminorando artificialmente la mortandad juvenil. Ardeola, 19: 105 – 150.

Mueller, H. C., 1977: Prey selection on the American kestrel: experiments with two species of prey. Amer. Natur., 111: 25 – 29.

Müller, F., 1974: Die wichtigsten Ergebnisse 10jähriger Auerwildforschung im hessischen Bergland. Allg. Forstzeitschrift 39: 834 – 839.

Newton, J., 1979: Population ecology of raptors, Poyser, Berghamsted.

Newton, J., 1986: The Sparrowhawk. Poyser, Carlton.

OEHME, G., 1981: Zur Quecksilberrückstandsbelastung tot aufgefundener Seeadler, Haliaetus albicilla, in den Jahren 1967 – 1978: Hercynia, 18: 353 – 364.

OEHME, G., 1987: Zum Phänomen der Eidünnschaligkeit allgemein sowie am Beispiel des Seeadlers, Haliaetus albicilla (L.) in der DDR. In: Populationsökologie von Greifvogel- und Eulenarten. Ed. M. Stubbe. Beitr. Univ. Halle, 1987/4 (P-27): 159 – 170.

ORTLIEB, R., 1987: Die Sperber. Die Brehm-Bücherei. A. Ziemsen-Verlag, Wittenberg-Lutherstadt.

PACHLATKO, T., 1989: Die Aussetzung der Bartgeier geht weiter. Wildtiere, 2/89: 6.

PETER, H. U.; ZAUMSETL, J., 1982: Populationsökologische Untersuchungen an einer Turmfalkenkolonie (Falco tinnunculus) bei Jena. Berichte Vogelwarte Hiddensee, 3: 5 – 17.

PIECHOKI, R., 1970: Der Turmfalke. Die Brehm-Bücherei. A. Ziemsen-Verlag, Wittenberg-Lutherstadt.

PIELOWSKI, Z., 1961: Über den Unifikationseinfluß der selektiven Nahrungswahl des Habichts (Accipiter gentilis L.) auf Haustauben. Ekol. pol. Ser, A, 9: 183 – 194.

PIELOWSKI, Z., 1968: Studien über die Bestandsverhältnisse einer Habichtspopulation in Zentralpolen. Beiträge zur angewandten Vogelkunde, 5: 125 – 136.

PIELOWSKI, Z., 1977: Greifvögel und Umwelt. Deutscher Falkenorden, 1976/77: 26 – 30.

PIELOWSKI, Z., 1981: Weitere Untersuchungen über den Wert des Zuchtmaterials von Fasanen zum Aussetzen. Z. Jagdwiss., 27: 102 - 109.

PIELOWSKI, Z., 1986: Konflikte zwischen Landwirtschaft und Wildtier in Polen. Jagd + Hege, 18: 38 – 39.

PIELOWSKI, Z., 1991: Die Populationsdichte und das Brutergebnis der Greifvögel in einer Agrarlandschaft in der Gegend von Czempin (Westpolen). Acta Orn., 26, 2: 107 – 117 (polnisch mit englischer Kurzfassung).

PIELOWSKI, Z., 1993: Zur Nahrungswahl des Mäusebussards in einer Agrarlandschaft Polens. Acta Orn., im Druck.

PIELOWSKI, Z.; PINKOWSKI, M., 1988: Situation of partridge in Poland. In: Common Partrige International Symposium, ed. Z. Pielowski. ZG.PZL, Warzawa: 15 - 32.

POTTS, G. R., 1986: The Partridge. Pesticides and Conservation. Collins, London.

PULLIAINEN, E., 1975: Choice of prey by a pair of Gyrfalcons Falco rusticolus during the nesting period in Forest-Lapland. Ornis Fennica, 52: 19 – 22.

RATCLIFFE, D. A., 1967: Decrease in eggshell weight in certain birds of prey. Nature, 215: 208 – 210.

RATCLIFFE, D. A., 1970: Changes attributable to pesticides in egg breakage frequence and eggshell thickness in some British birds. J. Appl. Ecol., 7: 67 – 115.

RATCLIFFE, D. A., 1985: The Peregrine population of Britain and Ireland 1965 – 1985. Abstracts Intern. Perregrine Conf. Sacramento, California.

REICHHOLF, J., 1977: Mehrjährige und jahreszeitliche Häufigkeitsschwankungen beim Turmfalken Falco tinnuncilus. Anz. Orn. Ges. Bayern, 16: 191 – 196.

REILMANN, F., 1984: Wanderfalkenbrut auf Leuchttürmen im Nordseewatt und ihre Hege. Deutscher Falkenorden, 1984: 40 – 49.

ROBIN, K., 1991: Die Bartgeier fliegen. Jagd + Hege, 23, 9: 9.

ROCKENBAUCH, D., 1975: Zwölfjährige Untersuchungen zur Ökologie des Mäusebussards (Buteo buteo) auf der Schwäbischen Alp. J. Orn., 116: 39 – 54.

RYSZKOWSKI, L.; Goszczynski, J.; Truszkowski, J., 1973: Tropic relationship of the common vole in cultivated fields. Acta theriol., 18: 125 – 165.

SAAR, C.; TROMMER, G.; HAMMER, W., 1982: Der Wanderfalke. Bericht über ein Artenschutzprogramm – Methoden, Ziele und Erfolge. Deutscher Falkenorden, Blomberg: 1 – 32.

SAAR, C.; TROMMER, G.; HAMMER, W., 1986: Wanderfalken-Auswilderungsbericht 1986. DFO-Jahrbuch 1986: 15 – 19.

SAAR, C.; TROMMER, G.; HAMMER, W., 1990: Wanderfalken-Auswilderungsbericht 1989. Greifvögel und Falknerei, 1990: 24 – 36.

SCHUBERT, W., 1977: Brutausfälle beim Wespenbussard Pernis apivorus in Baden-Württemberg. Anz. Orn. Ges. Bayern, 16: 171 – 175.

SCHILLING, F.; KÖNIG, C., 1980: Die Biozidbelastung des Wanderfalken (Falco peregrinus) in Baden-Württemberg und ihre Auswirkung auf die Populationsentwicklung. J. Orn., 121: 1 – 35.

SIEVERS, H., 1990: Widerstand gegen den Bartgeier in der Schweiz. Wildtiere, 2/90: 11 – 12.

SLÁDEK, J., 1961: Prispevok k poznaniu potravnej ekológie mysiaka lesného Buteo buteo (L.). Zoologicke Listy, 10: 331 – 344.

STRESEMANN, E.; STRESEMANN, V., 1961: Die Handschwingenmauser des Tagraubvogels. J. Orn., 101: 373 – 403.

STUBBE, M., 1987: Greifvögel. In: Buch der Hege. Band 2. Federwild. Ed. H. Stubbe. VEB Deutscher Landwirtschaftsverlag, Berlin.

STUBBE, M.; HEISE, S., 1987: Populationsdynamik von Greifvogel- und Eulenarten und ihrer Beutetiere. In: Populationsökologie der Greifvogel- und Eulenarten. Ed. M. Stubbe. Wiss. Beitr. Univ. Halle, 1987/4 (P-27): 279 – 324.

SULKAVA, S., 1964a: Zur Nahrungsbiologie des Habichts Accipiter gentilis (L.). Aquila, Ser. Zool., 3: 1 – 103.

SULKAVA, S., 1964b: Goshawk and its feeding habits in South and Central Finland. Suomen Riista, 17: 22 - 42.

TERRASSE, M., 1982: Konkrete Maßnahmen. Naturopa, 40: 18 – 20.

TRPAK, P.; FENTZLOFF, C., 1988: Die Wiederbesiedlung Süd-Böhmens mit Seeadlern. Greifvögel und Falknerei, 1988: 50 – 52.

TRUSZKOWSKI, J., 1976: Role of the common buzzard (Buteo buteo L.) in agrocenosis of the middle Wielkopolska. Po. ecol. stud., 2: 103 – 111.

UTTENDÖRFER, O., 1952: Neue Ergebnisse über die Ernährung der Greifvögel und Eulen. Verlag Eugen Ulmer, Stuttgart.

VILLAGE, A., 1982: The home range and density of kestrels in relation to vole abundace, J. Anim. Ecol., 51: 413 – 428.

VOOUS, K. H., 1973: List of recent Holarctic bird species. Nonpasserines. Ibis, 115: 612 – 638.

WIDÉN, P., 1985: Population ecology of the goshawk (Accipiter gentilis L.) in the boreal forest. Acta Univ. Upsaliensis, 777.

WIKMAN, M.; LINDEN, H., 1981: The influence of food supply on goshawk population size. In: Understanding the Goshawk. eds. R. Kenward and J. Lindsay. Oxford: 105 – 113.

WITTENBERG J., 1981: Die Brutbestandsentwicklung des Mäusebussards (Buteo buteo) in einem Vorzugshabitat bei Braunschweig. Beitr. Naturkund. Niedersachsens, 34: 194 – 201.

WUTTKY, K., 1968: Ergebnisse 10jähriger Beobachtungen an der Greifvogelpopulation des Wildforschungsgebietes Hakel. Beiträge zur Jagd- und Wildforschung, 6: 159 – 173.

ZIESEMER, F., 1983: Untersuchungen zum Einfluß des Habichts (Accipiter gentilis) auf Populationen seiner Beutetiere. LJV Schleswig-Holstein, Beiträge zur Wildbiologie, 2: 1 – 127.